若原 正己
MASAMI WAKAHARA

ヒトはなぜ病み、老いるのか

寿命の生物学

新日本出版社

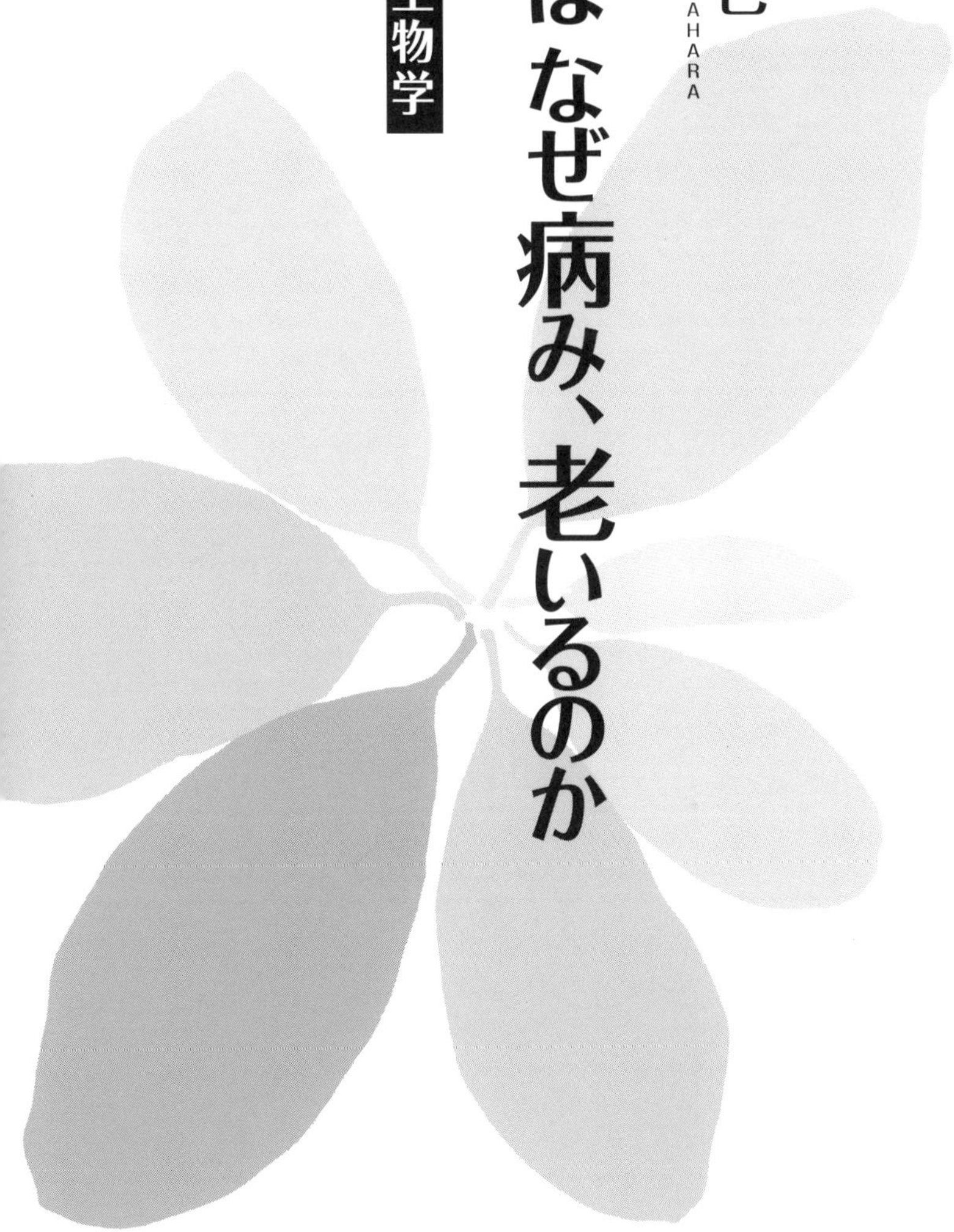

まえがき

健康と体力だけには絶対の自信があった。友人から「輝くような健康が羨《うらや》ましい」と言われたこともあるほどだ。自分でも「風邪などひかない」と豪語してきた。実際、成人になってから本格的な病気をしたことがない。せいぜい人間ドックで大腸ポリープが発見され、内視鏡手術を受けたくらいだ。しかし、２０１１年秋に膀胱《ぼうこう》ガンが発見された。日本人男性の２人に１人がガンにかかる、３人に１人はガンで死ぬという事実は知識としては知っていたが、まさか自分がその中に入ろうとは夢にも思わなかった。

まだ初期だったので、適切な治療をすれば完治するだろうと思い、「ＢＣＧ注入治療」というものを受けた。毎週1回、尿道を通じて膀胱内に弱毒化した結核菌を注入し、免疫を活性化させてガン細胞を除去する方法だ。治癒率は70％ということだった。小学生の時に、痛い思いをして注射されたＢＣＧは、もう死語になったと思っていたが、実際には医療現場で使われていることをその時初めて知った。

しかし、そのつらいＢＣＧ注入治療もあまり効果がなく、結局膀胱・前立腺・尿道の摘出を受けることになった。膀胱がなくなったので、「回腸導管」という人工尿路を作り、右腹部に尿バッグを装着しての生活が始まった。幸い、手術後の経過はすこぶる順調で、体力も気力も回復し、スポーツもできるし、雪国の宿命である「雪かき」という重労働もできるまでになった。しかしその4年後、今度は大腸ガンが発見された。以前の膀胱ガンの再発や転移ではなく、新しいガンが発症し、やむなく摘出手術を受けた。というわけで予期せぬことが起こるのが人生だろう。

思わぬガンになってから人生観が少し変わった。それまでは自分の力で生きてきたと思っていたが、今は「生かされている」という気持ちを強くもっている。これまでの考え、自分の力で生きてきたという考えがいかに不遜《ふそん》だったたか、と思い直している。

今の世の中は情報社会だから、健康に過ごす方法、ヒトとしての快適な生き方、老後の過ごし方、認知症にならない方法、メタボ対策、ガンの民間療法など膨大な情報が流布している。その多くはいわゆるハウ・ツーもので、病気や老化、寿命の問題を科学的な背景にまでせまって解き明かしたものは少ないように思う。私は生物学が専門だから、ヒトも間違いなく生物の一種であり、生物進化の流れに沿って生きていると思っている。この本では遺伝子と進化の側面を強調しながらヒトの誕生から死までを考え、生も死も生物進化の論理から言えば当たり前であることを述べる。

私は高校時代からの友人・安岡譽《ほまれ》氏から誘われて、札幌学院大学の市民向け講座「人間理解学講座」を2人で担当する機会をいただき、ここ数年続けてきた。2015年には、「体の病、心の病」、2016年には「老化と寿命」というテーマで話をした。この本はその時の話を中心にまとめたもので、内容の一部は安岡譽さんの話に大きく触発されている。

いかに生きるかは大変難しい問題で、一介の生物学者が答えを出すことなどはできないが、この本では身近にある生・病・老・死の問題を科学的に考える。なぜヒトは病気になるのか、なぜヒトはガンになるのか、遺伝子の病気とは何か、老化のしくみにはどのようなものがあるか、寿命はどうやって決まるのかを章を追って考えていく。

目　次

第2章　感染症と免疫系　41

第3章　病気と遺伝子　74

第4章 ガンと遺伝子

第5章　心の病　129

第6章　老化のしくみ　161

第7章　寿命の生物学　185

第8章　いかに生きるか　208

第1章　病気と進化——ダーウィン医学

私たちは健康に過ごしたいと思っているが、残念ながらいろいろな病気にかかる。子どものころにはおたふくかぜや風疹・はしかが流行し、そのために保育園を休ませなければならない働くお母さんたちは大変な思いをする。成人すると糖尿病などの生活習慣病に脅かされ、心筋梗塞《こうそく》や脳梗塞の心配をする。さらに日本人の2人に1人はガンにかかり、3人に1人はガンで死ぬと言われている。私もその例にもれずに膀胱ガンと大腸ガンになってしまった。

いずれにしても、病気はヒトの大きな悩みだ。ある人は人間の不幸は、飢え、戦争、病気でありそれらを三大苦と呼んでいる。仏教でも「生・病・老・死の四苦は避けられない」と言っている。生物学的には、誰でも生まれて死んでいくし、そのなかで年をとったり病気になったりするが、これは避けられない宿命だ。そのあたりをどう考えたらよいか、生物学的に考えてみたいと思う。

多くの病気がヒトを悩ませるが、この章ではもともと野生動物であったヒトが、本格的な人に進化した過程でかかるようになった病気について考える。

■ヒトの病気を分類する

健康と病気は、医学的には正確な定義があるのだろうが、とりあえず常識的な感じでまとめると、普通は感染症と遺伝病、そして生活習慣病に分けられる。場合によっては、さらに膠原《こうげん》病や橋本病などの自己免疫病やさまざまな精神疾患もあげることができる。この章では感染症と遺伝病そして生活習慣病について考える。

感染症は、文字通り病原体に感染して病気になるものだ。たとえばインフルエンザや肺炎、結核、そして2015年に世界的に大問題となったエボラ出血熱などはすべて感染症だ。

病原菌という言葉もあるが、病原体と言ったほうが正確だ。病原菌は、厳密に言えば細菌（バクテリア）のことだ。結核菌やコレラ菌、病原性大腸菌O157などは全部この仲間だから病原菌と言ってよいが、たとえばインフルエンザの原因であるインフルエンザ・ウィルスやエイズの原因となるヒト免疫不全ウィルス（HIV）、エボラ出血熱のエボラ・ウィルスなどは細菌ではない。ウィルスは細菌ではないので病原菌と言えないわけだ。

その他、たとえば熱帯地方に行くとマラリアにかかることがある。マラリアはマラリア病原虫という原虫に感染してかかる病気だ。マラリア病原虫は分類学的に言えば原生動物というグループに属していて、アメーバやゾウリムシのような単細胞の生物だ。だからマラリアの原因となる原虫も細菌ではない。

つまり感染症のもとになるものを全部ひっくるめて病原体と呼ぶ方がよい。病気の原因となるいわゆる病原体は、かなり高等な生物から細菌、リケッチア、ウィルスまで多様だ。

次の遺伝病は文字通り、遺伝子の変異に基づくものだ。遺伝子の変異については第３章で詳しく述べる。昔は遺伝子のはたらきがよくわかっていなかったから、多くの遺伝病は原因不明の病気として扱われ、治療法も確立していなかった。しかし、今や遺伝子についての知見が高まり、遺伝病についての研究は大きく発展した。一番有名なのは、血友病と筋ジストロフィーかもしれない。血友病は血液凝固のために必要なタンパク質が異常になる病気で、血液凝固のためのタンパク質の遺伝子の変異が原因だ。筋ジストロフィーは筋肉の細胞膜から筋タンパク質が漏れ出してしまう病気で、これも原因遺伝子が特定されている。しかし同じ遺伝病と言っても１個の原因遺伝子が変異したものとは限らない。

多くの遺伝病は、今のところ積極的な治療法はないので難病に指定されている。しかし、最近はいくつかの遺伝子疾患については遺伝子治療がおこなわれるようになってきた。

最後の生活習慣病には高血圧、糖尿病、心筋梗塞、脳溢血《のういっけつ》などがある。これらは遺伝的な体質もあるし、遺伝子そのものとも大いに関係しているが、実はヒトの進化とも大きく関係しているのだ。

たとえば高血圧は、ヒトが直立二足歩行になったために体の一番上にある脳にまで血流を運ばなければならなくなって、血圧を上げる必要から生じた病気だし、糖尿病は昔の野生動物の生理的なしくみが今なお残っているために生じる病気だ。野生動物には高血圧も糖尿病も全くみられない。こうした生活習慣病は、動物からヒトになることによって生じたものだ。

■ダーウィン医学と進化のトレード・オフ

ここで紹介したいのは「ダーウィン医学」という言葉だ。あまり有名ではないが、1990年代の中ごろから注目を集めているものだ。

ヒトも生物の一種だから、進化の結果を間違いなく受け継いでいる。野生動物だったヒトは進化の過程で本格的なヒトになるにしたがって、それとは引き換えにいくつかのことを犠牲にしてきた。たとえば、ヒトは直立二足歩行を始めてヒトになったが、その結果大きな脳を獲得した。そのようなメリットがあったが、それとは引き換えに頭でっかちになりその結果難産になったり、高血圧になったり、そのために寿命を待たずに死ぬというようなデメリットもあったわけだ。

進化を推し進める原動力は自然淘汰《とうた》で適者生存だから、進化で生き残った者はすべて良い方向に向かうような感じがするが、必ずしもそうではない。一方がうまくいけば他方はうまくいかないということがたくさんあり、そうしたことを「トレード・オフ」と呼ぶ。ヒトの病気もこうしたトレード・オフによるものだと考えることができる。高度の脳を発達させ、野生動物から本格的な人になったためにいくつかのことが犠牲になって、それがさまざまな病気の要因だという考えだ。

このトレード・オフという考えは、あちらを立てればこちらが立たずという関係だ。そうした例をいくつか挙げながら「ダーウィン医学」というものを考えよう。

ダーウィン医学を理解するために、生物進化の道筋を振り返っておく。

ゴリラやチンパンジーなどの類人猿は、ヒトに近い体や能力をもっているが、普通は前脚をついて歩く。こぶしを丸めて地面に下すので「ナックル・ウオーク」と呼んでいる。それが次第に二本足で自立するようになり最終的には直立するようになった。これがヒトへの第一歩というわけだ。

二足歩行の結果、自由になった前脚つまり手が自由になって、道具を使うことができるようになった。チンパンジーもある程度の道具を使いこなすし、他にも道具を使いこなす動物がいろいろいるので、道具の使用そのものがヒトの特徴だ、というわけではない。直立するようになって両手を使用することが増えるにしたがって次第に器用になり、それにともなって次第に脳の配線が複雑になってきた。同時に直立することによって、頭が体の真上に来るので、重たい脳を維持できるようになった。

今でも頭の上に大きな水カメなどの荷物を乗せて運ぶ民族がいるが、頭の真上に重たい物を載せることは理にかなっているわけだ。直立二足歩行が先で、その結果脳の大型化が生じたのだ。そこで脳の大型化の引き金となった直立二足歩行についてもう少し厳密に考えてみる。

■直立二足歩行——プレゼント仮説

もともとはヒトも動物だったから、他の獣と同様に四足で歩いていたはずだ。そのうちに樹上生活に適応して、森林で手で木にぶら下がりながら移動するブラキエーションという方法で移動するようになった。今でもオランウータンなどの類人猿は木にぶら下がりながら移動する。木にぶら下がる生活によって背骨が伸びた。ところが、環境が乾燥して森林が減少し周囲がサバンナ化することで、ヒトの祖先はだんだん地上に降りてきて、最終的には何らかの理由で立ち上がった。全体的にはそのシナリオの通りだが、もう少し詳しくその理由を考えてみる。

直立二足歩行の成立にはいくつかの仮説がある。

たとえば直立することによって

1　直射の太陽光線を受ける面積を減らして、体温調節をしやすくする。四足で歩行すると、背中一面に太陽が当たって、体温が上がりすぎる。進化の場所はアフリカだから結構暑いので、それを避けるために立ち上がったという考えがある。ヒトの体毛がどんどん薄くなっていったこととも関係してこの説は説得力がある。

2　立ち上がることで体を大きく見せて相手を威嚇《いかく》する、という説もある。四足で歩いていると相手からすると小さく見えるが、一気に立ち上がると大きく見えて威圧感を与えることができる。それに加えて、立ち上がれば見晴らしがよくなり、敵や狩りの相手を発見しやすいということもあったのだろう。この説もそれなりに十分に成り立つ考えの1つだ。

3　両手を使って武器や道具を用い狩りをするようになった、という考えもかなり説得力がある。多くの肉食動物、たとえばライオンやヒョウ、ヒヒや場合によってはチンパンジーも狩りをするが、大体は口、牙、前脚の爪などで攻撃をする。ヒトはもともとは樹上で生活をしていたから、それほど強い攻撃力をもっていない。周りがサバンナとなり、地上に降りて生活を始めるようになると、立ち上がって自由になった両手で武器を使うようになったという考えは有力だろう。

4　長距離を速く移動ができる、という考えは少し違った考えだ。二足歩行の方が長距離を移動しやすいという生理学的な観点からの考えだ。多くの野生動物は走る力は結構あるが、長距離を長い時間走る能力をもっていないのが普通だ。直立すると長く歩ける、長い距離を走れるというのも、ひとつの考えだろう。

5　両手でものを運ぶ、特に食料を運ぶためというのが最近の有力な考えだ。

ヒトももとは野生動物だから、生きるために狩猟や採集にでかける。四足歩行では狩った獲物を口にくわえて運ばざるを得ない。それでは一度にあまりたくさんの食料を運ぶことはできない。キツネやオオカミなどの動物はくわえて運ぶだけではなく、いったん食物を飲み込んで巣まで運び、それを吐き戻して子どもに与えることをやるが、とにかく動物は両手が使えないから、致し方がないのだ。

ヒトはそこを工夫して、直立して両手を使えるようになってきた。最初はとりあえず片手だったのだろうが、最終的には両手に持って運ぶようになり、そうすれば飛躍的にその量は増える。多くの場合オスが餌を採り、子どもやメスに餌を運ぶわけだが、できるだけ多くの餌を持ちかえったほうが有利になる。どのように有利になるか、家にいるメスへ食料を持って帰り、それをプレゼントすることでメスと交尾をすることができるのだ。メスはできるだけ多くの餌を持って帰るオスを当然選ぶので、次第に立って歩く遺伝子が選ばれていった。その結果立ち上がったのだろうと言われている。これは大変納得のできる説明だ。今でも男が女にプレゼントする、夫が出張の帰りにお土産を買ってくるというのも実はその名残なのだろう。

このようにして立ち上がった結果、自由になった両手を使って物を運ぶ以外にも身振り手振りでお互いのコミュニケーションを図《はか》ることができるようになった。ヒトが喋《しゃべ》る言葉（音声言語）を使用するようになったのは今から10万前から5万年前だが、それ以前には、ジェスチャーによるコミュニケーションが中心だった時期が長くあったと考えられる。そのジェスチャーが進化して複雑な意志や感情を表現できるようになり、共通の語彙《ごい》が形成され、次第に本格的な音声言語ができてきたのだ。

こうしてヒトは進化の過程でいろいろな能力を獲得してきたが、それと引き換えに直立二足歩行に伴う病気が多くなっていった。

■野生動物には糖尿病はない

生活習慣病で一番恐ろしいのは糖尿病だろう。日本の統計では700万人から800万人、人口の約7%の人が糖尿病にかかっているという報告がある。100人に7人だ。発症して重症化すると、神経や網膜に異常が出て失明する、手足の血行が悪くなり組織が壊死しその結果足を切断する、というような恐ろしいことになる。

糖尿病の要因は、高齢、遺伝、肥満、運動不足の4点があげられるが、さまざまな要因が絡み合って発症する非常に複雑な病気で、第3章で取り上げる遺伝子とも関係している。

糖尿病は大きく分けて、一型糖尿病と二型糖尿病に分けることができる。一型糖尿病は、多くの場合すい臓のインスリン分泌細胞が自己免疫によって破壊され、インスリンが出なくなって、糖尿病になってしまう病気だ。

二型糖尿病は、すい臓は正常でインスリンを作ることはできるが、肥満などでインスリンが相対的に不足する、場合によってはインスリンに対する抵抗性ができてしまいインスリンが効きにくい、その結果として糖尿病になるものだ。二型糖尿病が圧倒的に多く、95%が二型だと言われている。いずれにせよ決め手になるのはすい臓から放出されるインスリンというホルモンだが、実は糖尿病は進化とおおいに関係しているのだ。

ヒトが本格的な人になるにあたって、前に述べたように長い歴史がある。もともとは野生動物だったわけだから、昔のヒトは常に飢餓の状態にあった。今でも野生動物は常に飢えに悩まされている。たとえば、肉食動物はいつも狩りに成功するわけでないから、年がら年中おなかをすかせて獲物を探している。草食動物は、夏の間は草がはえていると言っても、植物自体はそれほど栄養価が高くない。大部分がセルロースからなっており、必要なタンパク質はそれほど多くはない。さらに動物はセルロースを分解できないので、腸の中に住んでいる腸内細菌の助けによって消化しなければならない。反芻《はんすう》動物として有名なウシを代表とする草食動物は一日中食べていなければならない。

このように肉食動物も草食動物も常に飢餓に悩まされている。栄養が不足すると、血糖値（血液に含まれるブドウ糖・グルコースの量）が下がる。血糖値が下がると、特に脳に養分がいかずに、動物はすぐに死んでしまう。だから、動物の体のしくみとして血糖値を上げることが至上命令だ。というわけで野生動物は生きるために血糖値を上げるシステムが何重にも張り巡らされている。哺乳類の進化の過程で血糖値を上げる生理的なしくみが発達してきた。

■血糖維持のしくみ

ここで血糖値が一定に保たれるしくみを見ておこう。

食事の後には必ず血糖値が高くなるが、その情報が大脳の間脳にある視床下部というところで感知される。この視床下部がホメオスタシス（日本語でいえば恒常性、つまり体の状態を一定に保

図1　血糖値を調節するホルモン相関

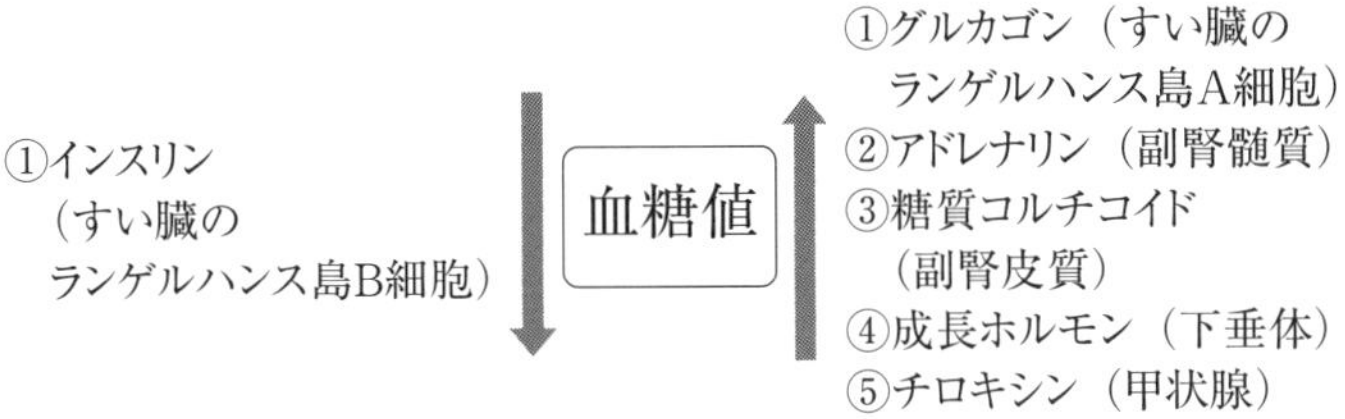

血糖値を下げるホルモンは、インスリンの一種しかないが、上げるホルモンはグルカゴン、糖質コルチコイド、アドレナリン、チロキシン、成長ホルモンと数が多い。動物の進化の過程で培われた生理的なしくみだ。

つこと）の中枢で、血糖値や体温、血圧などをいつもモニターしている。

血糖値が高いと、副交感神経がはたらいてその情報がすい臓へ伝えられる。すい臓にはランゲルハンス島という内分泌細胞が集まった部域があり、その中のB細胞を刺激してインスリンを放出させる。インスリンは血中を流れ、肝臓へたどり着いて血液の中のグルコースを肝臓へと取り込みグリコーゲンに転換する。そうすることで血糖、つまり血液中のグルコース量が減り血糖値が下がる、というしくみだ。

それに対して、血糖値を上げるしくみは実に多様に発達していて、少しでも血糖値が下がると、ありとあらゆる方法を総動員して血糖値を上げるようにはたらく。第一にグルカゴン、すい臓のランゲルハンス島のA細胞から出されるホルモンだ。第二に、副腎髄質から放出されるアドレナリン、第三に副腎皮質から出される糖質コルチコイドがある。この3つが血糖値を上げる主なルートだ。それ以外にも下垂体から出される成長ホルモン、甲状腺から出されるチロキシンも血糖値を上げるようにはたらいている（図1）。

このように、血糖を上げるためのホルモンは何種類も発達しているが、血糖を下げるホルモンはインスリンの1種類しかない。

その理由は進化の面から説明できる。先ほど述べたように野生動物は、年がら年中飢餓の状態にあるから、血糖値を上げることが生きるための絶対条件なのだ。

しかしヒトは直立二足歩行により自由になった両手で、道具や武器を使って狩猟がうまくなった。最終的に農業・牧畜を始め、安定的に食料が手に入るようになった。さらには日本のような先進諸国では「飽食の時代」と言われるように、食糧不足のおそれはほぼなくなった。その結果、慢性的に肥満が起こり、二型糖尿病になりやすいのだ。

農業が始まってからまだ1万年ほどだが、野生動物からヒトになってからでも200万年、それ以前の野生動物の時代を入れると、哺乳類の歴史は2億年という長い年月がある。圧倒的な長い時間、慢性的な飢餓に悩まされてきたわけだから、これはまさに進化の結果ということができる。飽食の時代にふさわしく血糖値を下げるしくみが複数できてくればよいが、それに対する方法が追い付かずに糖尿病になってしまうのだ。

■胎児の栄養と将来の糖尿病

野生動物は日常の栄養状態が悪くいつも飢餓の状態にあるために糖尿病の心配はない。むしろ血糖値を上げることが至上命題になっている。一方、ヒトが野生動物から人になる進化の過程で起きた変化として、胎児の栄養状態と将来の糖尿病との関係がある。

有名な例は、第二次世界大戦下のオランダで起きた飢餓とその後の糖尿病との関係だ。第二次大戦中は世界各地で戦闘が繰り広げられ、悲惨な状況が生まれた。じゅうたん爆撃や、経済封鎖、交通網の破壊による食糧危機などさまざまなことがあったが、なかでも有名なのは戦争末期オランダで起こった7か月にわたる食糧危機だ。ナチス・ドイツがオランダのあらゆる公共輸送手段を封鎖してつくられた「飢餓の冬」で1万人以上のヒトが餓死したと言われている。

この期間に胎児だったおよそ4万人について、出生時の体重とその後の健康状態が記録に残っていて、１９６０年代にコロンビア大学のチームがそのデータを調査した。母親が栄養失調であることから、奇形児が多く生まれ、乳児死亡率も死産の割合も特段と高かった。中でも、飢餓の期間に妊娠の後期3か月の胎児だった赤ちゃんは、出生時には軽い体重で生まれた。軽い体重で生まれた子はその後正常に育ったものの、後に糖尿病にかかりやすかったのだ。

またこの報告によれば飢餓の期間が妊娠の前半6か月以内だった胎児は、普通の体重で生まれ、将来糖尿病になる危険は少なかったものの、大人になってから未熟児を産みやすいという。このように、妊娠中の栄養状態が胎児の成長に与える影響も、妊娠時期によって異なっていることが指摘されている。つまり、妊娠の初期か、中期か、後期かに依存して、将来の健康状態に違った影響があらわれるのだ。ヒトの体のしくみは実に微妙なものだということがわかる。

妊娠後期の栄養不足の胎児は、栄養分つまり糖分（グルコース）が不足している。そこで血糖値を維持するために血糖値を上げるホルモン（グルカゴン、アドレナリン、副腎皮質ホルモンなど）を総動員し、逆に血糖値を下げるホルモン（インスリン）を出さないようになる。このようにして不足気味のグルコースを脳の発達に回すのだ。

こうした出生前の経験によって、胎児は食糧の乏しい状態で一生を送ることを「想定」してその対策を練ると考えられる。そのような赤ちゃんは出生後エネルギーを倹約するようなしくみ（倹約体質）を作り上げる。出生後はできるだけカロリーをたくわえ、無駄な運動をしないようにし、代謝を最低限に抑えるしくみがはたらく。そうした妊娠中の栄養状態が悪く結果として小さく生まれた赤ちゃんは、出生後食糧の豊富な環境に置かれると、それまで足りなかった栄養を補ってすくすく大きくはなる。しかし、それ以前につくられた「倹約体質」（代謝を最低限に抑えるしくみ）があるために、エネルギーの出入りのバランスが崩れ、心臓やほかの臓器に負担がかかることになる。そのために成人した後に糖尿病になる確率が高くなると言われている。

このことはネズミを使った実験からも確かめられる。妊娠したネズミの子宮への血流を半分になるように手術で血管を制限する。そうするとネズミの胎児は半分の栄養しか行かないから低体重の子どもになる。その生まれた子を通常の餌で飼育するとすぐに元の体重に戻り正常になったように見えたが、成長後に二型糖尿病を発症する。つまり、インスリンが不足して糖尿病になってしまうわけだ。どうやらネズミもヒトも胎児の代謝の記憶をとどめているようだ。どのようなしくみかはまだ十分にわかってはいないが、胎児の時の遺伝子発現の仕方が出生後も長時間保たれているようだ。このしくみを「メタボリック・メモリー（代謝の記憶）」と言う。つまり胎児時代の代謝の記憶がその後の体のしくみに影響するという考えだ。栄養という環境が作り出したもので、胎児環境の重要性が強調されている。

■痛風とヒトの長寿命

「風にあたっても痛い」と書く痛風。肉食が中心のヨーロッパでは王侯貴族の病気だと言われていて、多くの有名人が悩まされてきた。アレキサンダー大王、ルイ14世などの帝王だけではなく、アイザック・ニュートン、チャールズ・ダーウィン、マルチン・ルター、ベンジャミン・フランクリンなどが痛風で悩まされたという。米食中心の日本ではあまり多くなかったが、最近は食の欧米化によって痛風に悩まされる人が増えている。

その痛風は、核酸（ＤＮＡ・ＲＮＡ）の部品である塩基（プリンとピリミジン）という窒素化合物の代謝と関係している。窒素化合物の代謝には大きく分けてタンパク質の部品であるアミノ酸を代謝するシステムと、核酸の部品を代謝するシステムがあり、痛風に関係するのは核酸の部品の代謝だ。

まず、アミノ酸を分解するシステムから説明する。脊椎《せきつい》動物では、魚類や両生類の幼生では不要になったアミノ酸はアンモニアに分解して水に流す。アンモニアは有害な物質なのですぐに体外に捨てなければならない。周囲に水がたくさんある魚類やカエルのオタマジャクシでは、「水洗便所」のようにアンモニアを体外に捨て去ることができる。ところが成体になったカエルや爬《は》虫類《ちゅうるい》、鳥類、哺乳類《ほにゅうるい》では、周りに水があまりないので体内でアンモニアを無害な物質に転換する必要がある。爬虫類や鳥類ではアンモニアを尿酸にして処理する。尿酸は水に溶けない結晶なので、爬虫類や鳥類では尿酸を便（糞）にまぶして排出している。ハトやカラスの糞は白くきらきら光っているが、あれは尿酸の結晶が見えているのだ。成体の両生類や哺乳類では、アンモニアを無毒な尿素にして尿として水分と一緒に排出する。

一方、核酸の部品である塩基はアミノ酸とは別の経路で処理される。塩基を尿酸、さらには尿素にまで分解する回路を尿酸回路という。尿酸回路にはさまざまな分解酵素があり核酸の部品を次から次へと分解していく。多くの脊椎動物では尿酸回路に必要な酵素の遺伝子はすべてそろっていて、核酸の部品も最終的には尿素にまで分解される。しかし、爬虫類と鳥類は尿酸回路の後半に必要な3つの酵素の遺伝子が進化の過程で消失しているので、尿素にはならず尿酸にとどまる。これは窒素排出の仕方が尿素ではなく、尿酸で排出するしくみを採ったためだ。特にトリは体重を軽くするために水分を使わずに、水に溶けない尿酸を排出するために尿酸酸化酵素の一部は必要がなくなり、一部の遺伝子がなくなっている。

哺乳類は尿酸回路に必要な酵素の遺伝子をすべてもっており、核酸の代謝で生じた尿酸を最終段階の尿素まで分解することができる。ところが、霊長類の類人猿になると、尿酸回路の遺伝子の一部は次第に不要となり、最後には「偽遺伝子」となってしまった。偽遺伝子とは、もともとは必要だった遺伝子が進化の過程でそのうちにはたらかなくなったものだ。こうしたことは進化の途上でよく起こることで、霊長類が類人猿になるときにこの尿酸酸化酵素のいくつかの遺伝子がはたらかなくなっていった。この酵素群がなければ、尿酸を尿素にすることはできない。タンパク質の代謝で生じるアミノ酸はすべて尿素にまで分解することができるが、核酸の代謝産物の尿酸を尿素にすることはできないのだ。だから、ヒトの尿酸値は高くなり、場合によっては痛風になる。いわばヒトの宿命みたいなものだ。

なぜ尿酸酸化酵素の一部の遺伝子がはたらかなくなったのだろうか。それは尿酸には強い抗酸化作用があるからだと考えられる。第６章「老化のしくみ」で詳しく述べるが、老化の原因の１つとして活性酸素の害がある。酸素の一部が活性酸素となり、それが遺伝子ＤＮＡやタンパク質などを傷つける。尿酸にはその活性酸素を抑える作用があるのだ。抗酸化作用をもつ物質としてはアスコルビン酸（ビタミンＣ）やポリフェノールが有名だが、それらと同様に尿酸にも強い抗酸化作用がある。進化の過程で尿酸酸化酵素を失うことによって、痛風の原因となる尿酸が生じるが、それと引き換えに尿酸の抗酸化作用によってヒトは長寿命になっていったのだ。

水に溶けない針状結晶である尿酸が血中にたまれば、関節炎を起こし、痛風となる不都合が生じるが、それを上回る利得（メリット＝長寿）があったというわけで、これがまさに進化のトレード・オフというものだろう。本当ならはたらいていた尿酸酸化酵素の遺伝子がなくなっていった、その結果痛風が運命づけられたというもので、まさに進化のトレード・オフを実証するものだ。

■直立二足歩行のデメリット

糖尿病や痛風の原因について、ホルモンと物質代謝という生理学的な面から見てきたが、次には形態学的な面から、特に骨の形を中心にみてみよう。

最初に、ヒトの直立二足歩行に伴う骨格の変化について考える。直立することの一番の大きな変化は骨盤の形だ。

四足動物、たとえばネコやイヌと二足歩行のヒトを比べてみると、一番大きな骨格の違いは骨盤の形だ。同じ霊長類のチンパンジーとヒトを比べても骨盤の形の違いが明瞭だ。チンパンジーは縦に長い骨盤だが、ヒトの場合は横に広い骨盤になる。直立すると内臓を真下に受けるからそれを支える骨盤が広くなった。

骨盤が広くなると産道が狭くなり、難産になるわけだ。産道が少しくらい狭くなっても胎児の頭が小さければ問題はないが、直立二足歩行後の200万年の間にしだいに頭が大きくなってきて、それによって難産が起こった。

お産は別に病気ではないが、ヒトにとっての出産は大変なものだ。野生動物では出産に悩むことはほとんどない。自然に自分1人で生むが、ヒトは結構大変だ。今や医学が発達しほとんどが医療施設でお産をするから出産に伴う危険は減ったが、医学が発達する前までは、非常に高い死亡率だった。

ヒトの難産の原因は2つだ。1つは、直立に伴って骨盤が広くなったことで産道が狭くなったことだ。もう1つは、大脳が発達して頭が大きくなったことだ。もうこれ以上大きくすると出産ができないから、胎児を未熟のまま産まざるを得ない。

これもいわゆる進化のトレード・オフの1つだろう。

それ以外にも、腰痛、椎間板ヘルニア、高血圧、静脈瘤《りゅう》などがあるが、この中で一番重要な高血圧や血栓、心筋梗塞などの動脈に関する病気を次に考えてみる。

■巨大脳のデメリット――脳血栓・脳梗塞

糖尿病以外に生活習慣病のもう1つの代表は脳梗塞や脳出血だ。これは現代人にとっても非常に多い病気で、3大死因の1つだ。命が助かったとしても、脳の障害が残りいわゆる後遺症に悩まされる病気だ。

ヒトの脳は非常に血流が大事な器官だ。脳の重さは体重のわずか2・5％しかないが、血流は15～20％を占めている。短時間でも脳に血流がいかないと、すぐにヒトは死に至るわけでいかに血流が大事かがわかる。そのような大事な脳の血管がなぜ破れて脳梗塞が起こるのか、それが進化とどう関係しているのかを考えてみる。

そこで脳と心臓の血管壁の厚さを調べてみよう。

脳の血管と体の血管の輪切りをつくり、その厚さを比較してみる。体の血管の代表として心臓の冠状動脈の輪切りを調べる。冠状動脈は心臓そのものへ血液を運ぶための大事な血管だ。その冠状動脈は非常に分厚くできて、簡単には破れないようになっている。逆に分厚すぎて、つまりやすいという宿命を負っている。それに対して、内径は同じくらいの太さの脳の動脈の輪切りを調べてみると、その厚さは圧倒的に薄く、かなり弱よわしく見える。このように体の動脈と脳の動脈では、その厚さが全く違っており脳の血管は非常に薄く破れやすいのだ。簡単に言えば、心臓の動脈は分厚いのでつまりやすく、脳の動脈は薄いので破れやすいと言っていい。

なぜ脳の血管は薄いのだろうか。それはやはり進化と関係している。哺乳類は温血動物だから体の隅々まで温かい血液を配達するために血管系が非常に発達している。そのために心臓が大きく発達し、血圧も高く、それに耐えるような厚さをもった血管が進化してきた。動物進化の歴史でいえば、2億年も長い時間をかけて動脈をどんどん厚くしてきたのだ。

ところが哺乳類の脳の血管は体の血管とは違って薄いままだ。なぜかと言えば、脳に入る血流は一定のままで、決して流量が多くならないからだ。たとえば、ヒトは激しい運動をすると、体の筋肉に酸素を大量に運ばなければならないので、平常時の6倍から8倍もの血流が生じる。しかし脳への血流は、激しい運動をしても同じなのだ。自動的に調節されて決して脳に膨大な血が流れ込まないようになっている。

なぜそうなったのか。脳は非常に大事な器官だからその保護のために頑丈な頭蓋骨《ずがいこつ》に囲まれている。バイクに乗るときにはヘルメットの使用が義務付けられているが、もともと哺乳類の頭は頭蓋骨というヘルメットで包まれている。脳がこの固い頭蓋骨に囲まれていると、それ以上に脳が膨らむことができない。そのために過大な血流が入らないように血流調節がされるようにしくまれている。

哺乳類への進化の過程で体の血管はどんどん分厚くなったが、脳の血管は厚くなる必要がなかったのだ。薄くともあまり破れる心配はない。だから、普通の野生動物はオオカミにしても、サルにしてもチンパンジーにしても脳血栓になったり、脳卒中で死ぬことはほとんどない。

ところがヒトは、200万年前から脳が急激に大きくなった。体積で3倍の脳になった。当然毛細血管の配線も非常に長くなる。短期間のうちに膨大な長さの血管を配線したので、そのために曲がりくねったり、たくさんの枝分かれができた。その曲がった部分や分岐の場所で破裂が起きやすい。

ヒトの脳で一番発達した部域は、手を動かす脳部域と言語をつかさどる部域だが、その領域の血管の配線に無理が重なっている。俗な表現で「あたった」と言うが、その「あたって」障害を受けるのは多くは手足であり、そして言語障害だ。脳梗塞で言葉がしゃべれなくなるというのはよく経験することだ。逆に言えば、これは言葉を支配する脳部域や手足の動きを支配する脳が特段に発達し、その部域の血管に無理がかかっているからなのだ。

つまりヒトは大脳を発達させ、言語を作り、文化を発展させて、自然科学を発達させ地球を隅々まで開発したが、それと引き換えに一番よく使う脳の動脈の破裂が引き起こされるようになった。これもトレード・オフと言ってよいだろう。

■言語の獲得と誤嚥性肺炎

次は、ヒトの進化の上でも非常に重要な言語の獲得がもたらすトレード・オフの結果、老人が肺炎にかかりやすいという話だ。

ヒトは大脳を飛躍的に大きくして、言語を獲得した。それまでも動物として叫び声を上げる、危険が迫れば警報・警告などをしてお互いにコミュニケーションをしてきた。そのうちに声帯も完成しさまざまな声を出せるようになり、その結果次第に語彙も増え、文法も整理され、10万年くらい前に本格的な言語になったと考えられる。

発語ができるのは声帯があることによる。その声帯ができることで口からのどにかけての構造がおおきく変化した。ヒトでは咽頭部《いんとう》が長くなり、舌が発達してさまざまな音を発生することができる。チンパンジーは咽頭部が短く狭くて、発声・発語の余地がない。

この声帯の完成によって言語が生じたが、その対価として、のどの構造に不都合が生じた。食道と気管が一部共通になってしまったのだ。だから、私たちはものを飲み込むときには気道を閉鎖しなければならない。ヒトは飲み込むのと同時に呼吸はできない。私たちはいつも「すーはー・すーはー」と呼吸をしているが、つばがたまった時にはいったん呼吸をやめて、「ごっくん」とつばを飲み込む。そのようにしかできないのだ。他の多くの動物は、呼吸の管つまり気道と、食物の通る管である食道が完全に分離されていて、鼻から息を吸いながら同時に物を食べることができるが、ヒトではそうはいかない。

これが言語の獲得と引き換えにした大きな犠牲なのだ。あちらを立てればこちらが立たずという例のトレード・オフだ。しかし面白いことには、生後6か月くらいまでの赤ちゃんは、まだこの気道と食道が分離されていて、母乳を飲みながらでも呼吸をすることができる。赤ちゃんは言葉をしゃべることができないが、そのあいだは他の動物と同じように、気道と食道が分離されている。実にうまくしくまれているが、成長とともに気道と食道が一体化してしまい、言葉を操るようになり、大人になると呼吸と食事が同時にはできなくなってしまった。

大人になると普通は嚥下《えんげ》反射で、間違いなく食道と気管に切り替えをやっているが、年をとるとその切り替えがうまくはたらかなくなる。老人になるとむせることが多く、どうしても気管に異物が入ってしまいがちだ。これが誤嚥《ごえん》性肺炎の理由だ。肺炎は老人の死亡原因の一番だから、肺炎もヒトの進化と引き換えに生じた悲劇と言ってよい。またのどの構造の変化で、たとえば睡眠時無呼吸症という病気も発症しやすくなった。

ヒトにはなぜガンが多いのか

最後にヒトのガンが特別に多い理由を考える。

野生動物は寿命が短いのでガン化する前に死んでしまうと言われている。しかし詳しくデータを見ると、動物で長寿命だと言われるカメで150年、ゾウで80年という寿命が知られているが、彼らがガンで死んだという報告はあまりない。さらに、チンパンジーなどの動物園で飼育され寿命をまっとうした動物の死因を詳しく調べた研究によると、世界中で死んだ霊長類をすべて解剖して調べた1065例のうち、悪性腫瘍、つまりガンだったのは4例しかなかったと報告されている。約0・4%という率だから、チンパンジーを含む霊長類や多くの野生動物がガンにかかる率は圧倒的に少ないことがわかる。

それに対して日本人は2人もしくは3人に1人がガンになるわけだから、圧倒的にガンにかかりやすいのだ。

その理由はいくつか挙げられているが、進化の側面でいうと、ヒトの場合は生殖時期がなくなり年がら年中発情していることに関係しているのではないか、という点だ。

まず、生殖時期について考えてみよう。多くの野生動物には生殖時期がある。イヌやネコなどの家畜や、さらにはマウスなどの実験動物では、年中いつでも繁殖するケースがあるが、多くの野生動物は普通年1回の生殖時期があり、オスとメスがつがいをつくり、交尾をし、一定の時期に出産して子育てをする。それは子育てにふさわしい時期に生殖するしくみが出来上がっているからだ。

温帯にすむトリは春になると生殖時期を迎える。それはヒナが生まれるころに植物が繁茂し、それを食べる虫が大発生するからだ。その虫を食べて子育てをするようにプログラムされている。間違って秋に繁殖行動をすると、孵化《ふか》したヒナは十分な餌がなく、飢え死にしてしまう。

ヒトはもともと野生動物だから、大昔には生殖時期があった。多分年に1回発情して子作りをしていたが、その後、長い時間をかけて通年発情になった。その背景には、食糧の問題がある。野生動物はいつも飢餓の危険と背中合わせに生きてきたが、ヒトは大脳を大きく発達させ、道具を工夫し、狩猟・採集生活をするようになり、野生動物よりも有利に食料を得られるようになった。最後には農業を始め食料の心配がなくなり、いつでも子どもを作れるようになったのだ。

■ヒトの通年生殖がガンを産んだ

野生動物のように生殖時期が決まっていれば、オスもメスも年に1回だけ精子・卵子を作ればよいが、通年発情になると特にオスは毎日のように精子を作らなければならない。ヒトの場合その量が半端ではない。1回の射精で放出される精子の数は約2億匹と言われている。それも生殖には無関係な、いわゆる無駄な精子を作っているのだ。

ガンの原因は第4章で詳しく説明するが、ひとくちに言えば細胞の異常増殖だ。その原因は紫外線、放射線、化学物質などによるＤＮＡの傷を修復することができなくなることだ。細胞分裂が盛んになればなるほど、その細胞分裂を促進したり、細胞分裂を調節する遺伝子の数は多くなる。だから、ヒトでは通年生殖が始まったことによって精子を毎日毎日作り出すための細胞分裂の遺伝子が多くなり、その結果ヒトにはガンが多くなった、というのが最近の説だ。はたしてそんなバカなことがあるのか、と思う人がいるかもしれないが、これにはちゃんとした証拠がある。

それは、ヒトとチンパンジーとで違っている遺伝子を研究することからわかってきた。両者でもっとも違う遺伝子を50個取りだして比べてみたら、なんとそのうちの11個の遺伝子が精子を作り出す遺伝子だったという報告がある。常識的に考えればチンパンジーとヒトの遺伝子でもっとも違うのは、たとえば脳の発達や神経系の遺伝子だろうと思いがちだが、実はそうではなくて、精子を作る遺伝子にきわめて大きな違いがあるということがわかってきた。

つまり毎日セックスができるようになり、さらに生殖そのものと性愛が分離し、性愛文化が営まれるようになったのと引き換えにヒトのガンの危険率が高まったのだ。いわゆるある種のトレード・オフだ。ヒトがガンにかかりやすいという宿命は、毎日生殖行動ができる、セックスができるという人類の宿命なのかもしれない。ただし、これは体のしくみがそうなっているということなので、急にセックスを控えてもガンの予防にはならない。

第2章　感染症と免疫系

ふつう病気というと、病原菌やウィルスに感染して人間が病気になると考えるので、人間が犠牲者のように考えるが、それはいかにも人間中心の考えだ。どんな生物でも自分だけで、その生物1種だけで生きているわけではなく、相互に影響し合って生きるのが基本だ。つまりどんな生物でも他の生物種に寄生したり寄生されたりして生きている。

結核やマラリアなどの感染による病気も、ヒトの立場からすると困った病気だが、感染する側、つまり寄生する生物（結核菌やマラリア原虫）にとっては自らの生き残りと子孫の繁栄をかけて感染してくるのだ。

この章では他の生物との相互関係で生まれる病について考える。私たちが世話になっている抗生物質はもともとカビ（真菌）が細菌に対する防御のために作り出した物質だし、インフルエンザ・ウィルスも感染して増殖するために、自らの遺伝子を変化させて相手の防御機構を破ろうとしている。すべての生物が生き残りをかけてありとあらゆる努力と工夫を重ねているので、人間中心の視点を少し変えて物事を見てみる。

■ペストとスペイン風邪

世界の3大感染症は、HIV（ヒト免疫不全ウィルス）感染によるエイズ（AIDS、後天性免疫不全症）、結核、マラリアの3つだ。しかし、歴史的にみるとペストとスペイン風邪（インフルエンザ）が人類史的に大きな脅威をもたらした。

ネズミが媒介するペストは今の日本では見られなくなったが、世界史的に言えば大変恐ろしい病気の代表だった。ペストの大流行で人口が激減し、産業構造が変わって社会のしくみも変わったほどだ。

有史以来ペストは流行を繰り返してきたようだが、一番有名な大流行は14世紀に起きた。この流行はアジアからシルクロードを経由してヨーロッパに伝播《でんぱ》し、人口の約3割を死亡させた。全世界でおよそ8500万人、ヨーロッパでは当時の人口の3分の1から3分の2に当たる約2000万から3000万人が死亡したと推定されている。

14世紀の大流行は中国大陸で発生し、中国の人口を半分に減少させる猛威を振るったのち、中央アジアからイタリアのシチリア島に上陸しヨーロッパ中に広がった。ヨーロッパに運ばれた毛皮についていたノミが媒介したとされる。流行の中心地だったイタリア北部では住民がほとんど全滅。1348年にはアルプス以北のヨーロッパにも伝わり、14世紀末まで3回の大流行と多くの小流行を繰り返し、猛威を振るった。

ペストの大流行によりヨーロッパの人口が激減し、ヨーロッパの社会、特に農奴不足が続いた結果長年の荘園制に大きな影響を及ぼした。そこで大流行を抑えるために、１３７７年にヴェネツィアで海上検疫が始まった。ヴェネツィアに入港する船を40日間、島にとどめてペストの発症の有無を確認するのだ。今でも検疫のために隔離することがあるが、その方法はすでに14世紀に始まったようだ。イタリア語の40（日）を表す単語からquarantine（検疫）という言葉ができたという。

もう一方の疫病スペイン風邪は、人類が遭遇した最大のインフルエンザの大流行（パンデミック）だ。これまで何度も大発生しているが、一番ひどかったのは１９１８年の大流行だ。感染者は約５億人以上、死者は５０００万人から１億人に及んだ。当時の世界人口は約20億人であると推定されているので、全人類の約３割近くがスペイン風邪に感染し、２％から５％もの人たちが死亡したことになる。日本でも、当時の人口５５００万人に対し40万人から50万人が死亡、米国でも50万人が死亡したと報告されている。

スペイン風邪の猛威は想像を絶するもので、その死者数は戦争や災害などすべてのヒトの死因の中でも最高だという。第一次世界大戦の最中に３度にわたって起こり、アメリカでの第一波が軍隊の派遣とともにヨーロッパに波及し、そのために戦争終結が早まったと言われるほどだ。

今では鳥インフルエンザ・ウィルスに由来するものであった可能性が高いことが証明されている。つまり、スペイン風邪はそれまでヒトに感染しなかった鳥インフルエンザ・ウィルスが突然変異し、ヒトに感染する形に変化するようになって生じたらしい。当時の人々にとっては全く新しい感染症（新興感染症）であり、スペイン風邪に対する免疫をもつヒトがいなかったことが、この大流行の原因だと考えられている。

■マラリアとDDT

今の日本ではマラリアにかかることはほとんどないが、熱帯地方ではマラリアは今でも重篤な病気だ。マラリアを発症すると、40℃近くの激しい高熱に襲われるが、比較的短時間で熱は下がる。しかし、三日熱マラリアの場合48時間おきに、四日熱マラリアの場合72時間おきに、繰り返し激しい高熱に襲われることになる。その周期性は原虫が赤血球内で発育する時間が関係しており、たとえば三日熱マラリアでは48時間ごとに原虫が血中に出るときに赤血球を破壊するため、それと同時に発熱が起こる。

現在でも熱帯地方を中心に世界的に発症している病気で、年間約2億人が感染し、６００万人が死亡している感染症だ。この病気は死亡率も高く、重篤な結果をもたらすので、それに対抗して熱帯地方の一部地域の住民は、自らの遺伝子の構成を変えることまでやっている。それが第3章で述べる鎌形《かまがた》赤血球症という突然変異だ。

マラリアは高熱を発するので、それを利用した病気の治療法も開発された。一番有名なのは梅毒のマラリア療法だ。今や梅毒は有効な抗生物質があるので容易に治療できるが、それ以前は難病で特に進行性の神経麻痺を伴う脳梅毒には有効な治療がなかった。それの治療として、スピロヘータの一種である梅毒トレポネーマが熱に弱いことに注目して、人為的にマラリアに感染させて高熱を誘導し、トレポネーマを殺す方法が開発された。この治療法を開発したオーストリア人医師ユリウス・ワグナー＝ヤウレックにはノーベル生理学・医学賞（１９２７年）が授与された。

マラリアを媒介するのがハマダラカだ。そのハマダラカを根絶するのに役立ったのが殺虫剤のＤＤＴだ。

戦後の混乱期には日本中いたるところでシラミが蔓延《まんえん》していた。私も小学校低学年時、シラミにたかられ頭を丸坊主にされた記憶がある。そのシラミを一掃したのが、日本に進駐した米軍がもってきたＤＤＴだ。この薬品（ジクロロ・ジフェニル・トリクロロエタン）は、有機塩素系の強力な殺虫剤で効果抜群、ＤＤＴの殺虫効果を発見したスイスの技術者ヘルマン・ミュラーにはノーベル生理学・医学賞が与えられた。それほど素晴らしい研究とされたのだ。

しかし、ＤＤＴはほとんど分解されることがないので、環境にいつまでも残ることが後からわかってきた。残留農薬の問題だ。単に環境に残留するだけではなく食物連鎖を通じて生物濃縮される。海鳥に濃縮されて卵殻を弱くし孵化できない海鳥が出てきたことから、大問題となった。そのためＤＤＴの開発者にノーベル賞を与えるべきではなかったのではないかという議論があったほどだ。

一方、発展途上国や熱帯地域の国では、マラリア撲滅のためにはＤＤＴが絶対必要だという議論もあり、事情は複雑だ。戦後のフィリピンでは、ＤＤＴでマラリアを媒介するハマダラカを撲滅したために、マラリアで死亡する患者が年間数十人にまで激減した。しかし、ＤＤＴが禁止された後、再びマラリアが猛威を振るい、その死者は２５０万人にも上がったという。

■国民病と言われた肺結核

今でも結核は世界的に見て高い死亡数を示す重大な感染症だ。ＨＩＶの次に死者の多い感染症で、２０１３年には９００万人の患者が発症し、１５０万人が死亡している。主に低中所得国で猛威を振るっている。

世界的に結核がいかに流行《はや》っていたかは、世界中の文学作品や芸術作品を見るとすぐにわかる。たとえばオペラでは、世界中で一番上演される回数の多いヴェルディの『椿姫』のヒロインのヴィオレッタも、３番目に上演回数の多いプッチーニの『ラ・ボエーム』のヒロインのミミも結核で死んでいく。

日本でも明治から大正にかけて徳冨蘆花《とくとみろか》の『不如帰《ほととぎす》』、堀辰雄の『風立ちぬ』などのいわゆる結核文学の傑作がある。俳句の正岡子規も結核を病み、喀血後、血を吐くまで鳴き続けるというホトトギスに自らをなぞらえて子規（漢語でホトトギスの意）という号を用いた。今でもホトトギスは俳句結社の名として使われている。

戦前から戦後しばらくのあいだ結核は死の病として恐れられていた。積極的な治療法がなく、空気のきれいなところで療養して栄養を摂る以外に手はなかった。だから、結核の「療養所俳句」という分野もできた。有名なのは句集『惜命』の石田波郷だろうか。

桔梗や男も汚れてはならず（１９４８・昭和23年）

雪はしづかにゆたかにはやし屍室（１９４９・昭和24年）

七夕竹惜命の文字隠れなし（１９４９・昭和24年）

などの名句がある。

私も直木賞作家の結城昌治氏の『俳句は下手でかまわない』（朝日出版、１９９７年）という本を読んで俳句を始め、それこそ下手な俳句をつくっているが、その結城氏も結核療養所で石田波郷に師事して俳句を始めたという。

しかし、ペニシリンやストレプトマイシンなどの抗生物質が発見され、今やほとんど克服されてきた。戦後は徹底したワクチン投与（ＢＣＧ）で多くのヒトが免疫力をもったために次第に発症はおさまった。しかし、ワクチン投与が手薄になり、若いヒトたちの間には結核に対する免疫力がないヒトが増え、結核に感染する恐れが出ている。現在の日本でも結核はなくなっていない。特にホームレスや簡易宿泊所で結核は広まっているし、海外から入ってきた結核菌が集団感染を引き起こす例も報道されている。

これまで述べてきた感染症はすべて病原体がわかっている病気だが、病原体の性質がまだわからない病気もある。

■生物は寄生から逃れられない

すべての生物は進化的な競争の上に成り立っているから、敵対する競争相手が存在する。しかも一方が進化すれば、相手も対抗上進化せざるを得ない。ここで寄生生物と宿主の関係を考えてみる。

進化的に言うと、最初の寄生生物がやってくると宿主はそれから逃れるために、自分の性質を変化させて、自分に取りつかないように工夫する。そうすると次に新しいタイプの寄生体が現れて攻撃をする、そうするとまた宿主は対抗する、ということを繰り返してきた。

つまり、生物は変化することで生き延びてきたのだ。第3章で詳しく述べるが、生物が生き方や体制を変化させるためには遺伝子DNAの変化（突然変異）が必要だ。しかし、突然変異の多くは生物にとって不利なものが多く、都合の良い突然変異は多くない。そこで、生物の変化を促すために進化したのが性の分化と有性生殖だ、と考えられている。

普通、性は何のためにあるのかと聞かれれば、もちろん性は子づくりのためだ、有性生殖をするためだと思いがちだが、実はもともと生物には性がなかったのだ。もともとは無性生殖で増えていたが、いつの間にか性というものが出現してきて、オスとメスが出現し、有性生殖をしてきた。それはなぜか。

無性生殖では、自分が分裂によって増えるだけだから、子孫は全部同じ性質をもっている。もし１匹が寄生体にやられたとすると、他の子どもも全く同じ性質をもっているから、全部寄生体にやられることになる。そこでできるだけいろいろな性質をもった子どもを作るために、相手と遺伝子を交換して、子孫にできるだけ多様性をもたらすしくみが発展した。それがオスとメスという有性生殖の始まりだった。つまり、有性生殖というのは病原体に対抗して生まれたという考えがある。病原体対抗説とか、「赤の女王」仮説と呼ばれている。

というわけで寄生体と宿主は永遠に続く追いかけっこをしているようなものだ。

■ウィルスは増殖するが、生殖はしない

冬になると猛威を振るうインフルエンザ・ウィルスやエイズの原因となるＨＩＶなどのウィルスは、どのような性をもっているのだろうか。

病気を引き起こす病原体の種類は、真核細胞である原虫（アメーバ赤痢《せきり》、マラリア病原虫）やカビ（カンジダ、水虫の白癬菌《はくせんきん》）の仲間、原核細胞の病原菌（結核菌、コレラ菌）など多様だ。ウィルスは似たような病気を引き起こすが、その本体は細胞ではない。だから、現在の自然科学ではウィルスを生物と定義しないのが普通だ。生物とは「細胞を構成単位とし、代謝、増殖できるもの」と定義しているからだ。細胞という構造をもたないウィルスは、「非細胞性生物」または半生物として位置づけられる。

細胞であれば、有性生殖や無性生殖で子孫を増やし個体数を増加させるが、ウィルスは個体数

を増やす（増殖）が、生殖はしない。その増殖の仕方も普通の生物とは異なっているので説明をしておく。

ウィルスは細胞を構成単位としないが、DNAまたはRNAの遺伝子をもっており、他の生物の細胞を利用して増殖できるという特徴をもっている。逆に言えば、他の生物の細胞がなければ増殖できない。ウィルスが増殖するには、次の3段階のステップがある。

① ウィルスは、タンパク質の殻の中にあるDNAあるいはRNAの遺伝子を感染する相手の細胞の中に注入する。

② 注入された遺伝子の情報にもとづいて、感染相手の細胞の代謝系を利用して、自分のタンパク質を作り出す。

③ そのタンパク質と自分の遺伝子を組み合わせて、たくさんのウィルス粒子を作り出す。

こうしたウィルスには性はない。ウィルスはそれ自身単独では増殖できず、生物の細胞内に感染して初めて増殖可能になる。普通の生物は世代ごとに2倍になって増えるが、ウィルスは感染相手の細胞のしくみを利用して1段階で増殖する。別の言い方をすると、生物の細胞は2分裂によって対数的に数を増やす（対数増殖）のに対し、ウィルスは1つの粒子が、感染した宿主細胞内で一気に数を増やす（1段階増殖）のが特徴だ。

■生物の防御機構

今述べたように、すべての生物にとって寄生生物に悩まされるのは避けることができない。ある意味で宿命だ。

寄生する生物にたいして、寄生される生物がどのように対抗してきたかを整理しておく。ダーウィン医学の理解のためにも、さまざまな生物が生き残りをかけて進化させてきた体のしくみを理解することは重要だ。

とりあえず、いろいろな生物の防御機構を簡単にまとめておく。

バクテリアは、ウィルスの感染にあう。バクテリアにだけ感染するウィルスの仲間（バクテリオ・ファージ）がいる。バクテリアはそれに対して制限酵素というＤＮＡを分解する酵素を発達させた。これはあまり有名ではないが、後で述べるように大変面白いやり方だ。

次の真菌はカビの仲間だが、これもバクテリアに侵されることがあるので、それに対抗して抗生物質を作り出した。私たちが利用しているペニシリンやストレプトマイシンなどの抗生物質は、カビが細菌に対抗するために作ったものを横取りしているのだ。

植物の段階になると、さまざまな防御物質を作って侵入者に対抗している。アルカロイドに代表される毒を作っている。

次に動物が進化した。本格的な動物になると、最初は自然免疫という食細胞で対抗している。高等動物になると、体に侵入したさまざまな異物（それが抗原）に対して特異的な抗体を作り個別に対応する非常に高度な防御機構を進化させた。正式には獲得免疫という。

このようにすべての生物はさまざまな方法で侵入者・寄生者に対応してきたが、寄生者の側も当然それを乗り越えようと工夫をしてきたので、この両者の競争はとめどがない。どちらかが勝つというわけにはいかない。

■制限酵素――細菌がウィルスに対抗する

細菌・バクテリアの仲間は侵入するウィルスにどう対抗しているか。

制限酵素とは実に不思議な言葉だ。何を制限しているかと言えば、ウィルスの増殖を制限する酵素なのだ。この酵素はすべてのバクテリアがもっている酵素だが、世間ではあまり知られていない。簡単にそのしくみを紹介しておく。

前に説明したようにウィルスは単独では増殖できない。相手の細胞に侵入しないと増殖できない。そのウィルスの仲間にもっぱらバクテリアに感染するウィルス（バクテリオ・ファージ）がいる。バクテリオ・ファージに対抗して、バクテリアの側はある特殊なＤＮＡ分解酵素を作ってウィルスＤＮＡを分解・消化するのだ。それが制限酵素と呼ばれるもので、バクテリアの種類ごとにそれぞれに特徴をもった独自の酵素がある。大腸菌であれば大腸菌の制限酵素、乳酸菌なら乳酸菌の制限酵素という具合だ。

その制限酵素の特徴の1つとして、ＤＮＡの切断の仕方がある。大変面白いというか驚くような特徴をもっている。

図2にＥｃｏＲＩという制限酵素が切断するＤＮＡ断片が書いてある。次章で詳しく述べるようにＤＮＡ分子はＣ・Ｇ・Ｔ・Ａという4文字（専門的には塩基という）で書かれた文章のようなものだが、二重らせんだから図のように2本の文字列で表すことができる。ＥｃｏＲＩは、図2に示したような特定の並び方をした6文字の塩基配列を認識してそこを切断する。ＥｃｏＲＩが認識する塩基配列の上の並びを左から読むとＧＡＡＴＴＣとなっているが、下の列を右のほうから読むとやはりＧＡＡＴＴＣとなっている。この6文字が、逆から読んでも同じなので回文構造と呼ぶ。「たけやぶやけた」、「しんぶんし」みたいなものだ。非常にながいＤＮＡの並びの中には偶然こうした並びが出てくるが、この並びを見つけ出してここだけを切断する酵素があるのだ。

図2　制限酵素とDNAの切断図

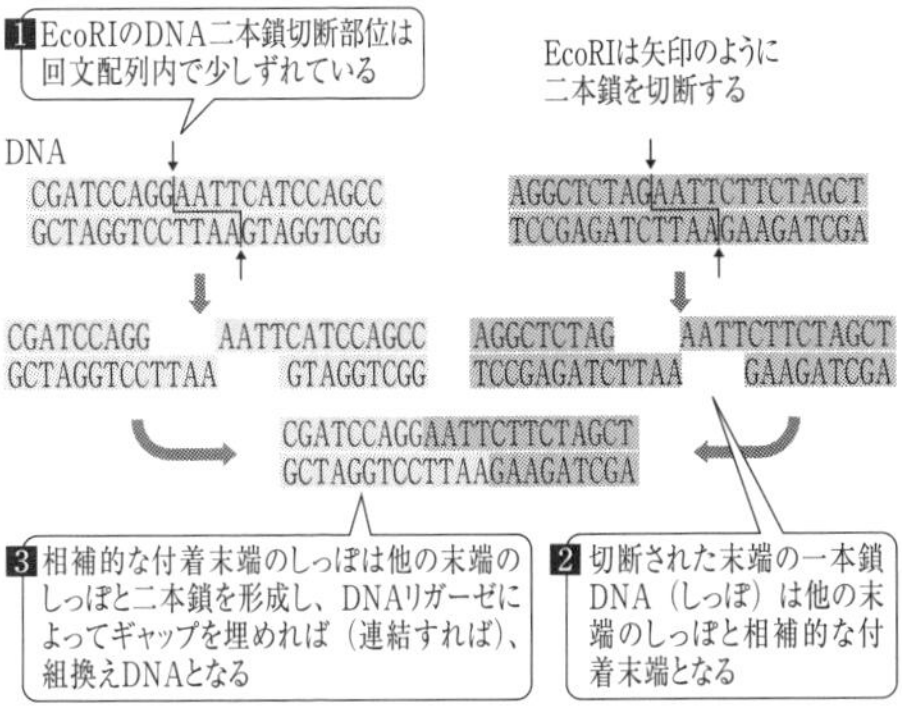

『カラー図解アメリカ版大学生物学の教科書　第3巻　分子生物学』（D.サダヴァ他著、石崎泰樹・丸山敬監訳、講談社、2010年）、図13-10を一部改変。

　図2は6文字が回文構造になっている例だが、4文字～8文字の回文構造を見つけて切断する酵素など実に多様な制限酵素がある。制限酵素は図に示した実線の部分でＤＮＡを切断するので、多くの場合切断面がずれたＤＮＡ断片が生じる。図2の左側の二本鎖ＤＮＡと右側の二本鎖ＤＮＡをＥｃｏＲＩで処理すると、二本鎖ＤＮＡは図のように断面がずれて切断されるの

で、一本鎖のしっぽが生じる。それぞれのＤＮＡ断片のしっぽは相補的なので、必ずしっぽ同士が向き合って二本鎖を形成する。

この制限酵素があるおかげで分子生物学が飛躍的に進歩した。たとえばノーベル賞受賞の山中伸弥教授のグループが世界に先駆けて成功したｉＰＳ細胞を作るときには、４種類の遺伝子をヒフの細胞のなかに入れるが、その時には、遺伝子ＤＮＡの断片を切ったり貼ったりしなければならない。この制限酵素は、間違いなく決まったＤＮＡの部分を切断し、さらに図２で示したように、多くの制限酵素はＤＮＡの二本鎖の末端をずらして切断するため、同じ切断面（いわゆるのりしろ部分）をもつＤＮＡ断片ができる。だから同じ制限酵素で切断した別のＤＮＡ断片は切断面をのりしろとして容易に結合できる。こうした性質があるので分子生物学の道具の１つとしてとても大事な酵素だ。「分子生物学の鋏」とも言われているもので、これがなければ分子生物学は成り立たない。

■抗生物質――カビが細菌に対抗する

生物が侵入者に対して抵抗するシステムの２番目として、カビが作り出す抗生物質がある。

実はカビもバクテリアの感染に悩まされてきた。カビにはそれに対抗する免疫もないから、防御物質の一種としてバクテリアの増殖や繁殖を抑える物質を開発した。それがよく知られている抗生物質だ。

一番有名なのはペニシリンでアオカビから分離された。見つけたＡ・フレミングはノーベル賞（１９４５年）だ。フレミングはブドウ状球菌の培養実験をしていたが、実験中に不注意でアオカビが混入してしまった。細胞培養や細菌培養はまわりの雑菌が入らないように無菌状態でやるが、ちょっとした不注意で雑菌が感染することがある。実験室ではよくある事故だったのだ。しかし、よく観察するとそのカビの周りにブドウ状球菌のコロニーが円形状に溶けていたのに気が付いた。阻止円という。どうやらアオカビにはブドウ状球菌を殺す物質、もしくは増殖を抑える物質が入っているらしいことに気がついたのが始まりだ。結局、アオカビはバクテリアの細胞壁の原料であるプロテオグリカン、ペプチドグリカンという物質の合成を阻害する物質を作り出していることがわかった。それがアオカビの学名ペニシリウム・ノターツムからとってペニシリンと名付けられた。

ストレプトマイシンは別のカビである放射菌という真菌からとられた。こちらはバクテリアのタンパク質合成阻害剤だ。ストレプトマイシンはバクテリアのタンパク質合成を阻害するが、真核細胞つまりヒトの細胞を含めて高等動物の細胞には無害なので有力な薬となったわけだ。結核に非常によく効いて、結核の特効薬として用いられた。

２０１５年にノーベル賞を受賞した大村智教授が静岡県伊東市内のゴルフ場近くで発見した新種の放射線菌が生産する物質を基に作られた「イベルメクチン」も抗生物質だ。畜産業やヒトの皮膚病に有効なこの薬は数億人の人々の命を救った薬だ。

このように抗生物質というものは、ヒトが発見する前からカビが自分の生き残りをかけて一生懸命はたらいてきたわけだ。

■植物の防御システム

植物は自ら動くことができず受け身だから寄生にはやられっぱなしのように思えるが、彼らも立派に防御している。一番わかりやすいのがアルカロイドと総称される防御物質だ。除虫菊が作るピレスチンがその代表だ。これを用いて蚊取り線香を作り、さらにそれに似た多様な物質を合成して殺虫剤にしている。植物はヒトが殺虫剤を作る以前に自ら虫の食害を防御する物質を進化させてきたことがわかる。

タバコのニコチンも植物の作る物質で、ヒトはそれを吸引して脳を麻痺させているが、もともとは苦味物質で、動物に食害されるのを防ぐ意味があったのだろう。その他、有名なのはアヘン、モルヒネ、カフェイン、茶や柿に含まれるにがみ物質タンニンなどの物質もその仲間だ。松が作る松やにもそのたぐいだろうし、漆もそうした防御物質の一種として植物が作っているものだ。

生物学・医学の分野ではコルヒチンが有名だ。イヌサフランの実や球根に含まれるアルカロイドで、細胞分裂時にできる染色体を両極に引っ張る紡錘糸を溶かす作用がある。紡錘糸が溶ければ細胞分裂前に2倍になった染色体が分裂できない。もともと2nだった染色体が、細胞分裂時には2倍（つまり４ｎ）になる。コルヒチン処理で紡錘糸が溶けてしまうと染色体が分かれないので、結局４倍体の個体が生じる。それを普通の2倍体の植物と掛け合わせると3倍体の植物ができるが、３倍体は減数分裂がうまくいかないので結実できない。それが「種なしスイカ」の作り方の原理だ。

コルヒチンは細胞分裂を阻害するから、抗ガン剤としても使用できる。しかし、副作用が強すぎるので、今はあまり使われていない。その代わりにイチイの樹皮からとられたタキソールなどが抗ガン剤として活躍している。

昆虫の食害を積極的に避ける防御物質のほかに、特定の昆虫を呼び寄せる方法も進化した。植物は虫の幼虫、つまり毛虫や青虫などによって食べられるが、植物は食害されるとある揮発性の物質を放出して寄生蜂を呼ぶ。そうすると寄生蜂がすかさずやってきて毛虫に卵を産みつける。その卵から寄生蜂の幼虫が孵化《ふか》して、この毛虫を殺すので植物は助かるわけだ。非常に手の込んだ方法で植物は害虫に対抗している。

■免疫システム１　自然免疫

多くの動物が開発した病気に対抗する手段は免疫だ。免疫とは言葉通り疫（病気）から免れるという意味だ。一度はしかにかかると、二度とかからないか、かかったとしても軽く済む。このように一度かかった病気の病原体に対して抵抗力をもつことは古くから知られており、この抵抗力をもつしくみを免疫という。

進化的にみてその最初のものを自然免疫という。自然免疫とは、多くの動物が本来もっている防御システムの原始的なものだ。厳密には細胞性の自然免疫と液性の自然免疫がある。

細胞性の自然免疫は非常に簡単なもので、侵入してきた異物（たとえば細菌やカビ）を細胞が食べてしまうやりかただ。代表的な細胞はマクロファージという白血球の一種の食細胞だ。すべての動物にこのような食作用をもった細胞があり、体に侵入した異物を食べてしまう。

液性の免疫というのは、こうした細胞が作り出す物質がウィルスや細菌をやっつけるやり方だ。有名なものにはインターフェロンがある。インターフェロンは、ガン治療にも使われているので有名だ。そのインターフェロンは動物がウィルスに対抗するために発達させたしくみだ。

自然免疫というと非常に原始的なしくみであまり重要なはたらきをしていないと思われがちだが、実際はヒトに関して言えば、侵入した雑菌・病原菌はほとんどこのシステムで処理されている。

主役は好中球という白血球だ。血液検査をすると、赤血球数と白血球数がカウントされる。1マイクロリットル当たりの赤血球数は400万個から500万個、白血球は数千個だが、もしもその時に何かに感染していたり、腫瘍があったりすれば白血球の数が増える。たとえば白血球数が1万個を超えると何らかの炎症を疑うが、その白血球の代表が好中球という細胞だ。好中球とは「中性色素で良く染まる」という意味だ。白血球だから血管内に入っているが、異物があれば血管からはみ出してきてその異物に近寄り食作用で食べてしまう。最終的にその異物は細胞内の酵素によって処理される。

さらに高等動物になると自然免疫だけではなく、もっと厳密な免疫システムが開発された。

■免疫システム2　獲得免疫

高等動物になると、体に入った異物（抗原という）に対して特定の抗体（抗原に対抗するタンパク質）を作るシステムが開発された。それを獲得免疫という。

獲得免疫で活躍するリンパ球は大きく言って2種類だ。胸腺で成熟するT細胞と骨髄で成熟するB細胞だ。病原体やそれがつくる毒素などが体内に侵入すると、B細胞がそれに対抗する抗体（タンパク質）を作り出す。抗原と抗体の関係は、カギとカギ穴にたとえられるように非常に特異性が高く、1つの抗原にはその抗原だけを認識する抗体がつくられる。特異的な抗体は抗原と結合して抗原を無毒化する。抗原と抗体は巨大な複合体となり、マクロファージによって処理される。これが液性免疫と呼ばれるものだ。

抗原は自分以外のタンパク質などだから膨大な数があり得る。抗体はそうした多様な抗原に対して、特異的につまり一対一で対抗できるように作られる。つまり、抗原の数に見合った非常に多くの種類の抗体を用意しなければならない。抗体はタンパク質だから、基本的には遺伝子DNAの配列に基づいて作られる。ここで大きな問題が浮かびあがる。

たとえば抗原（異物）が100万種類あるとすると、ヒトは100万種類の抗体タンパク質を作らなければならない。しかし、ヒトの遺伝子の数は2万3000個しかないのだ。単純に考えれば、2万3000個の遺伝子が100万種類ものタンパク質を作ることなど不可能のように思われる。この難問に挑戦したのが日本の天才科学者利根川進さんだ。B細胞の一種で抗体を作るプラズマ細胞では遺伝子DNAの塩基配列を切り貼りして多様な抗体を作り出すしくみを分子生物学的に解明した。この研究には1987年のノーベル生理学・医学賞が授与された。今では免疫細胞だけではなく、多くの普通の細胞でも選択的プロセシングというしくみを通して1個の遺伝子を上手く利用して多くの種類のタンパク質を作り出していることがわかってきた。このしくみについては第3章で説明する。

一方、細胞性の獲得免疫もある。その主役はT細胞だ。T細胞には複数の種類があり、ヘルパーT細胞、サプレッサーT細胞、キラーT細胞などがある。

■HIVは免疫システムを破壊する

細胞性の獲得免疫をわかりやすく説明するために、AIDS（エイズ、後天性免疫不全症候群）を例にとろう。エイズは、HIV（ヒト免疫不全ウィルス）に感染して、それが体内のリンパ球の一種であるT細胞を破壊した結果生じる病気で、最悪の場合はさまざまな感染症やガンで死に至る恐ろしい病気だ。ただしHIV感染とエイズの発症は必ずしも一致しないので気を付けなければならない。ＨＩＶに感染すると、時間とともにヘルパーＴ細胞が減少していく。ヘルパーＴ細胞は免疫システムの中でも重要な2つのはたらきをする。1つはＢ細胞に指令を出して、特異的な抗体の産生を命じる。2つ目はキラーＴ細胞に指令を出して、侵入した細胞を殺させる。

ヘルパーＴ細胞が減っていくと、免疫力が落ちてさまざまな病気にかかる。単純ヘルペス、カビなど健康なときには感染してもほとんど大丈夫なものに侵されやすくなり（いわゆる日和見感染）、その後カポジ肉腫や結核、カリニ肺炎になり、最悪の場合は死に至る。今ではさまざまな治療法が開発されているが、恐ろしい病気であることは間違いない。

ＨＩＶはもともとアフリカのサルの免疫不全ウィルス（ＳＩＶ）が変異して生まれたと考えられている。こうして遺伝子を変化させて生き残るのもウィルスの特徴のひとつだ。

日本では1985年に最初のエイズ患者が見つかった。血友病の治療のために使用した血液製剤がＨＩＶに汚染されていたためだ。第3章で述べるように、血友病は血液凝固因子の遺伝子が変化したことによる遺伝子疾患で、患者は凝固因子を作ることができない。今のところ遺伝子そのものを治すことができないので基本的には治療できず、正常な血液凝固因子を補充する以外に手がない。いわゆる血液製剤だ。献血された血液から有効成分を取り出してそれを患者に投与することで、血液凝固を保証するという治療法がとられている。その血液製剤がＨＩＶに汚染されていて、血液製剤由来のエイズ事件が起きたのは記憶に残っている。

この薬害エイズ事件は、製薬会社、政府・厚生労働省、大学を含めた一大事件だった。アメリカで作られた血液製剤がエイズ・ウイルスに汚染されているおそれがあることを知りながら、それを隠して輸入を認めた国と輸入元の製薬会社ミドリ十字はその責任を長いこと認めていなかった。時の厚生労働大臣だった菅直人さんが思いきった政策転換を行って、国の責任を明らかにしたのは多くのヒトの記憶に残っている。

ＨＩＶ自体はそれほど強い感染力をもったウィルスではないので、感染を防ぐ適切な方法をとっていればむやみに恐れる必要はない。

■なぜインフルエンザは毎年流行するのか

ウィルスや細菌に対する免疫を得るために人為的に接種する抗原をワクチンという。１７９６年、イギリスのＥ・ジェンナーによっておこなわれた天然痘のための種痘（毒力のないウシ天然痘ウィルスの接種）が最初だ。接種する抗原は適当な方法で無毒化した病原体（不活化ワクチン、例：インフルエンザや日本脳炎ウィルスワクチン）、もしくは毒力のない変異型感染体（生ワクチン、例：ポリオウィルスや疱瘡《ほうそう》ワクチン）を使用する。生ワクチンは病原体がある程度増殖するので、持続的で強い免疫が得られる。

ワクチンの接種により、病原体に対する免疫応答にスイッチが入り、血管系やリンパ系の中には将来の感染に備えて、病原体を記憶し壊すことのできるＢ細胞ができる。だからはしかに１回かかるとその後二度とかからないのだ。

しかし、多くの病原体は免疫システムをかいくぐる方法を進化させて対抗する。B細胞は姿を変えた病原体を認識することができない。病原体が開発した一番うまい方法の1つは自分の表面タンパク質を変化させる抗原シフトという方法だ。

先に述べたようにウィルスは単独では増殖できず、相手の細胞（宿主という）の中に入り込んで寄生を成功させなければ子孫を残すことができない。宿主（寄生される側、たとえばヒト）は強力な免疫システムをもっていて、ウィルスの侵入・増殖を阻止しようとするが、ウィルスもその免疫システムの攻撃を回避するさまざまなしくみを進化させた。

たとえばインフルエンザは、毎年その表面タンパク質を変化させるので、去年かかったインフルエンザに対する抗体が利用できない。だから毎年その年に流行が予想されるインフルエンザの表面タンパク質を想定してワクチンを準備しなければならない。ウィルス以外でも、たとえば眠り病を引き起こす原生生物トリパノソーマは、その表面タンパク質を数週間ごとに変化させている。抗原を変化させることで免疫システムをかいくぐるのだ。ここでも宿主と寄生体の無限の競争がある。

花と昆虫の共進化は有名だが、寄生する側と寄生される側の追いかけっこも、生物の相互関係を示している。

■風邪の原因と対策

ダーウィン医学の本質を知るために、風邪の原因と対策を考えてみる。誰でも風邪をひいて具合がわるくなった経験があるだろうが、風邪は単一の病原体だけではなく非常に多様な原因でかかる。ひとことで言えば、その辺にたくさんいるさまざまなウィルスに感染して風邪の症状があらわれる。

とりあえず風邪の原因となる代表的なウィルスを上げておくと、鼻やのどに感染するコロナウィルス、ライノウィルス、アデノウィルスがいる。さらに腸に感染するエンテロウィルス、集団食中毒で問題になるノロウィルス、ロタウィルスなどがいて、さまざまな症状をもたらす。

風邪の症状は、咳、鼻水、くしゃみ、発熱だ。なぜ咳や鼻水が出るのか。それらのすべての症状は、ウィルスを身体から外へ出そうとする防御反応だ。くしゃみや咳は、その時勢いよく出される息、つまり呼気中にある大量のウィルスを外に排出するのが一番の役割だ。その中には有害なウィルスが含まれているので、マスクをして感染を避けるというのが常識になっている。

よく集団食中毒で報道されるノロウィルス感染の際に見られる下痢や嘔吐《おうと》もウィルスを消化管の中から排除しようとする反応だ。嘔吐したり、下痢をするのは苦しいが、体が必死になって排除しようとしているわけで、体はそのようにしくまれているのだ。

風邪の症状で一番の問題は、発熱、悪寒、だるさ・倦怠《けんたい》感だ。これがどうして起こるのか、なぜ発熱して気分が悪くなるのかを考えてみる。最初に起きる反応は、マクロファージという白血球の1種によってウィルスが捕食されることから始まる。風邪をひくと熱が出るのは、このマクロファージによる反応が引き金だ。そのしくみを詳しくみておこう。

ヒトはほぼ36℃という体温を保っている。体温がこのように一定に保たれているのも恒常性(ホメオスタシス)の1つだが、実に微妙なしくみがはたらいている。ポイントだけを述べると、体温を一定に保つには、

① 発熱量を増加させるしくみ:物を燃やして発熱する、血液量をふやして熱を体中に運ぶというやり方と、

② 放熱量を上げるしくみ:熱を逃がして体温を下げるしくみがある。汗をかいて冷やすとか毛細血管を拡張させ熱の放散をうながすというものだ。

この2つを組み合わせて体温を一定に保っているが、その中心に座っているのが脳の視床下部という部位だ。

糖尿病の項で説明したように、血糖値を監視しているのは視床下部だが、体温も視床下部がモニターしている。ここが寒く感じれば発熱を増やし、熱く感じれば熱を放射する。それが釣り合って大体36℃という温度に保たれている。

では風邪をひくとどうなるか。いろいろなウィルスに感染すると自然免疫系がはたらく。すべての動物が進化の過程で獲得した防御機構の第一段階だ。最初に、全身のいたるところに分布し

て生体防御の初動活動をおこなっている食作用をもった大型の白血球（マクロファージ）がはたらく。

マクロファージは侵入したウィルスを食べるだけではなく、ある重要なはたらきをする。一番重要なのはインターロイキンというタンパク質を作ることだ。このインターロイキンが、血管を作っている内皮細胞にはたらきかけてプロスタグランジンという物質を作らせる。このプロスタグランジンは大変重要な物質で、さまざまな生理作用・はたらきをもっているが、もともとは前立腺から見つかった生理活性物質だ。前立腺の英語名からプロスタグランジンと名付けられた。

プロスタグランジンは前立腺だけではなく、いろいろな細胞が作り出すが、これが血流にのって脳に到達すると、いくつかの反応を引き起こす。最終的には視床下部にはたらきかけて設定温度を上げる。私たちは日常の生活で空調や集中暖房の温度設定を細かくやるが、人体も視床下部が体温の温度設定をきちんとやっているのだ。普通は36℃くらいだが、ウィルスに感染すると38℃～39℃に設定される。

風邪をひいて熱が出るというのは、プロスタグランジンが脳の温度設定を上げて発熱を盛んにしているためだ。つまり、風邪をひいて熱が出るのはまさに体の正常な反応だ。熱が高くなるとウィルスは増殖しにくくなり、同時に免疫細胞が活性化されはたらきやすくなってウィルスを攻撃する。このようにして風邪は自然に治るのが普通だ。

■解熱剤の使用

風邪をひくと私たちは風邪薬を飲む。薬局に行くとたくさんの種類の風邪薬が並んでいる。解熱剤として一番有名なものはアスピリンだろう。

アスピリンはドイツのバイエル社の商品名で、化学的にはアセチルサリチル酸が本名だが、もともと植物の柳からとられた物質だ。ギリシャ時代から柳には鎮痛作用があることが知られていたが、それを薬品として使用するようになったのは20世紀に入ってからだ。鎮痛剤・解熱剤としては抜群の効果を発揮する。頭痛も治るし、熱も下がる。気分がよくなって風邪が治ったような気がして、起きて働きに出るが、実はこの解熱剤にも問題がある。これをダーウィン医学の見地から検討してみよう。

風邪はいろいろなウィルスが原因だが、ウィルスに感染すると先に説明したように細胞性免疫がはたらいて、インターロイキンという物質が産生される。インターロイキンが細胞にはたらきかけてプロスタグランジンを作る。そのプロスタグランジンが血中を流れて脳にたどり着き視床下部の温度設定を上げるので、結局体の熱、体温が急激に上がる。その結果、ウィルスの増殖が抑えられて風邪が治るのだが、ここで薬を飲むケースを考えてみよう。

よく効くのは今述べたアスピリンだが、アスピリンはプロスタグランジンの合成を阻害する。ある酵素をはたらかなくして、アラキドン酸という前駆物質からプロスタグランジンになる反応を止めてしまう。プロスタグランジンがなければ視床下部は元のままの温度設定だから熱が出ない。発熱が抑えられる。その結果免疫系は抑制され、ウィルスの増殖を抑えることはできにくくなる。風邪がぶり返すことがよくあるのはそのせいだ。

アスピリンに代表される鎮痛・解熱剤は、ウィルス自体をやっつけることはできない。エフェドリンを含む咳止めの薬も、ウィルスを殺すことはできない。ペニシリンやストレプトマイシンのような抗生物質は病原菌の増殖を抑制するので炎症などは治るが、抗生物質はウィルスには効かないので、風邪にはまったく無効だ。

一方、アスピリンのような鎮痛・解熱剤は発熱を抑えるので、ウィルスは元気を取り戻してしまう。だから風邪には対症療法しかない。やはり体を温かくして栄養を取り、休息する以外に手はない。

普通の解熱剤、痛みどめ、咳止めなどは風邪のウィルスには効かないことを強調しておこう。咳をするとウィルスが飛びちるので、咳止めくらいは良いが、解熱剤を飲んで積極的に熱を下げるのはあまり推奨できない。

最近ウィルスの活動を抑制する薬品が開発された。インフルエンザに効くタミフルなどだ。タミフルは中華料理の材料である八角からとられた物質で、ウィルスの増殖を抑制する作用がある。タミフルはウィルスを直接殺すわけではなく、ウィルスが宿主細胞から別の細胞へと感染を広げるのを阻害する。詳しく言えば、細胞の膜を溶かすノイラミニダーゼという酵素のはたらきを阻害することで、インフルエンザ・ウィルスの増殖を抑制する。タミフルには、意識障害や精神神経系の異常症状が現れるなどの副作用の問題が残っているが、いずれウィルスの増殖を薬物で抑えることができるようになるだろう。残された問題は、タミフルを頻用することで生じる耐性ウィルスの登場だ。

■多剤耐性菌と院内感染

これまで「進化から見たヒトの病気」を考えてきたが、とりあえず人類が一番困っている病気は何かというと、世界３大感染症は、ＨＩＶ（エイズ）、マラリア、結核だ。日本ではマラリアはそれほど深刻な病気ではないが、世界的には致死率も高く非常に重要な病気だ。結核は日本ではたまには発症する程度だが、世界的にはまだまだ克服できない恐ろしい病気だ。

これまで述べてきたように、宿主と寄生体は長い間、虚々実々の駆け引きをおこない、ある時は冷戦状態で共存し、ある時は激しい戦いを展開してきた。この宿主‐寄生体関係に大きな影響を及ぼしたのは、ペニシリンに始まる抗生物質だ。これによって多くの急性、慢性感染症が克服された。私が学生だった１９６０年代の終わりには、「感染症は基本的に克服された」、だから「感染症の教科書を閉じる日が来た」とすら言われるようになったこともある。

しかし、やがて抗生物質耐性菌が増加し、治療に困難をきたすようになった。代表的なのは、メチシリン耐性黄色ブドウ球菌（ＭＲＳＡ）や多剤耐性結核菌だ。病院、特に療養病棟でＭＲＳＡが発生すると、とめどなく広がり手が付けられないというようなことが報道される。ブドウ状球菌はどこにでもいる細菌だが、それに抗生物質を次から次へと使ったので、耐性ができてしまったのだ。薬剤耐性の微生物が生まれるしくみは複雑だ。細菌やウィルスなどすべての病原体で起こりうる現象であり、基本的には病原体の染色体上の遺伝子が突然変異することで起きる。

さらに細菌には外来性の遺伝子を取り込むしくみが存在する。これによって同種または異種の細菌同士で遺伝子の一部のやりとりがおこなわれている。細菌の毒素などの病原因子をコードしている遺伝子がやりとりされるほか、薬剤耐性遺伝子もこの機構によって伝達されることが知られている。細菌の突然変異によって耐性を獲得する以外に、このような外来性の耐性遺伝子を取り込むことで耐性を獲得する場合が多いと言われている。

耐性菌の出現は、生物としての寄生体の見事なしくみ・素晴らしい生きる能力を示している。

これまで説明してきたように、すべての生物が寄生体と戦ってきた。高等動物には自然免疫と獲得免疫という2段階の免疫系が発達した。健康維持のためにその免疫系の力を信じて生きていくことが大事だ。第8章で述べるが免疫力はストレスが一番の敵だ。ストレス・フリーの生活をするのが一番だろう。

■謎の病気、プリオン病

近代医学の発達により多くの病気の原因は解明され、その結果治療方法も確立されてきた。しかし、いまだ原因が不明な病気もある。その代表がプリオン病と総称される、タンパク質が病原体となる伝染性の病気だ。これまで述べてきたように多くの病原体は、ウィルス、細菌、原虫、カビなどの生物だが、プリオンは生物ではない。大変不思議な作用をもった「感染性のタンパク質」が病原体ということが大きな特徴だ。

プリオン病としては、スクレイピーと呼ばれるヒツジやヤギの神経系が侵される伝染病、ウシの海綿状脳症（ＢＳＥ、狂牛病）、そしてヒトのクロイツフェルト＝ヤコブ病が有名だ。いずれもプリオンと呼ばれるタンパク質が原因だが、いまだ十分に解明されていない病原体だ。つまり医学が発達したとはいえ、まだまだわからない病気が多いということだ。

スクレイピーはヒツジやヤギ類の神経系を冒す、致死性の高い変性病だ。ウシ海綿状脳症（ＢＳＥ）はウシの病気の１つで、ＢＳＥプリオンと呼ばれる病原体にウシが感染した結果、ウシの脳組織がスポンジ状になり、異常行動、運動失調などを示し、死亡するとされている。ＢＳＥに感染したウシの脳や脊髄《せきずい》などを原料としたえさが他のウシに与えられたことが原因で、英国などを中心にＢＳＥの感染が広がり、日本でも２００１年９月以降、09年１月までの間に36頭の感染牛が発見された。

しかし、日本や海外でウシの脳や脊髄などの組織を家畜のえさに混ぜないといった規制がおこなわれた結果、ＢＳＥの発生は世界で約３万７０００頭（１９９２年：発生のピーク）から７頭

（２０１３年）へと激減した。日本では、２００３年以降に出生したウシからは、ＢＳＥは確認されていない。

その発病のしくみを簡単に述べておく。ひとことで言えばタンパク質の折りたたまれ方の違いによって正常なプリオン・タンパク質が異常タンパク質になることが原因だと考えられる。

正常なプリオン・タンパク質にはαへリックスと呼ばれるたたまれ方をした構造が多く含まれるのに対して、異常プリオンではβシートと呼ばれる別のたたまれ方をした構造が多くなっている。この異常プリオンが人工飼料などを介してウシなどの体内に入ると、徐々に正常プリオン・タンパクが異常プリオン・タンパクに変えられていく。タンパク質の折りたたまれ方が伝達することにより異常型が増えていく、つまり異常タンパク質が「増殖」する。

普通の病原体（細菌、カビ、ウィルス）は、前述したようにまずＤＮＡを倍加して細胞分裂をして増殖したり（細菌や原虫など）、ＤＮＡを相手の細胞に注入して一段階増殖（ウィルス）する。しかし、プリオンはタンパク質そのものでＤＮＡをもっていないから、それ自体は増殖しないはずだ。しかし、異常タンパク質が体内に入ると、正常タンパク質が次から次へと異常になっていくのであたかも「増殖」したように見える。このしくみについては未解明な部分も多く、よくわかっていない。

ヒトのプリオン病であるクロイツフェルト＝ヤコブ病は、全身の不随意運動と急速に進行する認知症を主徴とする中枢神経の変性疾患だ。根治療法は現在のところ見つかっておらず、発症後の平均余命は1年から2年という。ウシ海綿状脳症を引き起こすプリオンによって発病すると考えられており、その感染経路はプリオンに感染した牛肉だ。

一般的には耳にすることの少ない病気だが、大きな問題となったのはドイツで製造された「ヒト乾燥硬膜」を移植された多数の患者がこの病気に感染するという医療事故だ。材料となったヒト乾燥硬膜がプリオンに感染していたのだ。

症状がアルツハイマー病に似ていることから、アルツハイマーと診断され死亡した患者を病理解剖したらクロイツフェルト＝ヤコブ病であると判明するという事もある。

第3章　病気と遺伝子

「うちの子は俺に似てあまり頭が良くないから大学受験に失敗した」とか、「次男は俺に似ず足が速く、野球が上手い」というような話はよく聞く。女の子は父親に似て、男の子は母親に似る、などという俗説もある。

子が親に似る部分と、そうでもない部分があるということは経験的に知られている。たとえば両親の背が高ければ子どもの背も高いのが普通だ。もちろん例外はあるが、多くの人が実感していることだろう。ヒトの背の高さに関しては、２０１０年に背の高さを決める遺伝子が発見されたと大々的に報道されたので、新聞記事を読んだ人がいるかも知れない。

ヒトの遺伝で一番わかりやすいのがＡＢＯ型という血液型の遺伝だ。Ｏ型の両親からはＯ型の子どもしか生まれない、絶対にＡＢ型の子どもは生まれない。単純なメンデル遺伝だから間違いようがない。しかしながら、このような単純な遺伝だけではなくて、たとえば、その人の全体的な身体能力とか知能、目の良し悪し、ガンやぜんそくなどの病気がどの程度遺伝するかしないかは、なかなか難しい問題だ。この章では、病気と遺伝子との関係を考える。

■ヒトの遺伝のあれこれ

まずヒトの遺伝とは何か、どのように遺伝するのか、遺伝子の本体はなにか、からはじめよう。

高校の生物の教科書にはヒトの遺伝についていろいろ書いてある。血液型の遺伝以外にも、眼のまぶたが二重か一重か、耳垢が乾いているか湿っているかなどいろいろある。いずれにせよそうした形質を支配しているのが遺伝子だ。遺伝子は染色体の上に並んでいる。たとえばＡＢＯの血液型を決めている遺伝子は、第９染色体の一番端に載っている。

身近なヒトの遺伝の例をあげると、頭のつむじの巻き方も遺伝し、右巻きが優性だ。さらに舌を縦に巻けるかどうか、手を組み合わせたときに右手が上になるか左手が上になるかまで遺伝的に決まっている。舌を巻ければ優性で、巻けなければ劣性だ。両手の掌を体の前で組み合わせると、私の場合は自動的に左親指が上に来る。このように、左親指が上に来るとそれは劣性だ。こんなことまで遺伝するというのは大変驚きだが、そのしくみはどうなっているのだろうか。

その前に優性・劣性についてひとこと断っておく。漢字では優性は優れている、劣性は劣っていると書くが、頭のつむじの右巻きが特に優れているわけではない。昔の差別用語で「左巻」という言葉があったが、つむじの巻き方と頭脳の良し・悪しは全く関係がない。左巻が劣っているわけでもないのだ。同じように舌を突き出して縦に巻けるのが優れているわけでもない。さらに言えば、この後説明するエンドウの遺伝には豆の色が黄色（優性）と緑色（劣性）があるが、黄色が優れていて、緑色が劣っているわけでもない。

エンドウもヒトと同じように高等な生物で2倍体生物だから、細胞の核には父方から来た染色体と母方から来た染色体の2セットをもっている（相同染色体という）。それぞれの相同染色体には父方から来た遺伝子と母方から来た遺伝子が並んでいる。それを相同遺伝子という。両親からすべて同じ相同遺伝子を引き継いだ場合、その組み合わせをホモ接合と呼ぶ。ホモとは「同じ」という意味だ。片方の親から変異した相同遺伝子を引き継いだ場合はヘテロ接合（違った組み合わせ）という。

■メンデルの法則――遺伝の原理

遺伝と言えばメンデルの法則だ。このメンデルの法則は高校の教科書には必ず載っているので、多くの人はどこかでメンデルの法則という言葉を聞いたことがあるだろう。「病気と遺伝子」を考える上でも最低限度の遺伝のしくみを理解することが必要なので、少し復習しておこう。

エンドウ豆の遺伝のしくみを研究したメンデルはオーストリアの修道院の司祭でもあったが、いくつかの非常に重要な法則を見つけた。たとえばエンドウ豆の形には、丸としわの2通りがある。豆の色にしても黄色と緑色の2通りがある。丸としわを掛け合わせると、その子ども（雑種第一代、Ｆ1）には必ず丸が現れて決してしわはでてこない。豆の色にしても同様で、黄色と緑色を掛け合わせると、Ｆ１には必ず黄色がでてきて、緑色はでてこない、ということが第一の発見だ。これが優性の法則というものだ。このように対立する遺伝形質、つまり丸かしわか、黄色か緑色かという遺伝形質には優劣があり、第一代の子どもＦ１には必ず優性の遺伝形質が現れる、というわけだ。丸がしわに対して優性、黄色が緑色に対して優性だ。

では、しわや緑色という形質はなくなってしまったのかと言えば、そんなことはなくてＦ１同士を掛け合わせると、雑種第二代・Ｆ２にはしわも緑色も現れて、３対１に分離する。豆の形と色という２つの対立形質に注目して表すと、Ｆ２は、丸で黄色、丸で緑色、しわで黄色、しわで緑色が９対３対３対１になるわけだ。これが分離と独立の法則と呼ばれている。ここまでは比較的単純なことで高校生物のおさらいだ。

今説明したエンドウの遺伝のしくみを「遺伝子」という概念で説明したところがメンデルの偉いところだ。遺伝子という言葉を使ってはいないが、「遺伝を担う実体」を想定したのだ。優性である丸の遺伝子を大文字のＡ、劣性のしわの遺伝子を小文字のａとあらわし、色についても優性である黄色をＢ、劣性の緑色をｂで示すと、両親からともに丸の遺伝子Ａを引き継いだ個体の遺伝子型はＡＡ、両親から黄色の遺伝子Ｂを引き継いだ個体はＢＢと表記できる。そうすると、丸豆・黄色はＡＡＢＢ、しわで緑色の豆はａａｂｂと表すことができる。

両親がつくる配偶子（植物では花粉と卵子、動物では精子と卵子）は減数分裂を経て染色体数が半分になるので、ＡＡＢＢ（丸・黄色）の個体は、ＡＢという配偶子だけを作り、ａａｂｂ（しわ・緑色）の個体はａｂという配偶子を作る。これらを掛け合わせた雑種第一代はかならずＡａＢｂとなるわけだ。大文字の遺伝子が優性なので、雑種第一代は必ず全部が丸い黄色い豆になるという説明をして、非常にクリアに説明をすることに成功した。

ここで注意したいのは遺伝子型と表現型という概念だ。遺伝子のそろい具合（たとえばＡａＢｂ）が遺伝子型。それに対して丸い豆、黄色い豆などが表現型だ。

高校生物の教科書には対立遺伝子、優性の法則が載っているから、すべての遺伝子について優・劣の対立遺伝子があるように思いがちだが、遺伝子すべてについて対立遺伝子があるわけではなく、多くの場合は両親から野生型（つまり正常遺伝子）を引き継ぐのでホモ接合が多い。

一番の問題は、遺伝子はどのように表現型を決めるのかということだ。簡単に言えば丸型遺伝子Ａの本体は何かということだが、この答えは高校の生物学の教科書にはほとんど書いてないので、あまり知られていない。メンデルの法則は誰でも知っており、豆には丸としわがある、色には黄色と緑色がある、丸が優性でしわが劣性だ、という言葉はほとんどどの人が知っているだろうが、丸形遺伝子Ａが何をやっているのかについてはあまり知られてはいない。

■エンドウ豆の丸としわを決める遺伝子

実は、丸型遺伝子Ａは丸いという形そのものを遺伝しているわけではない。しわか丸かを決めているのはある種の酵素であるということが30年ほど前にわかった。メンデルの法則が発見されてからもう１５０年以上経っており、メンデルの遺伝の法則は誰でも知っている大変有名な法則だが、その遺伝子が何をやっているのかがわかったのは比較的最近のことだった。

植物の貯蔵物質の中心はデンプンで、種子にはその発芽のためのエネルギー源としてデンプンが蓄積される。豆でも米でも麦でも貯蔵物質はみなデンプンだ。種子ではないがジャガイモにもデンプンが貯まる。このデンプンの性質が、豆の形が丸かしわかを決めているということがわかってきた。

デンプンはブドウ糖（グルコース）という糖が鎖状につながったものだが、そのつながり方に2種類ある。その結果デンプンにはアミロースとアミロペクチンという2種類ができる。ブドウ糖は6個の炭素が骨格となっている（六炭糖という）が、その炭素に1、2、3、4、5、6と番号を付ける。グルコースがつながる時に炭素の1—4—1—4というように直線上につながったデンプンをアミロースという。それに対して場合によって1—6という方向に側鎖《そくさ》を出してグルコースがつながっていく場合もあり、こうした側鎖をたくさんもつデンプンをアミロペクチンと呼ぶ。

エンドウ豆には、タンパク質とデンプンがびっしり詰まっている。その豆を乾燥すると水分が失われて、水分が多いとしわになり、水分が少ないと乾燥してもしわにならずに丸いまま乾燥豆になる。つまり、しわになる豆には水分が多く、丸い豆には水分が少ない。側鎖をもたないアミロースだけからできているデンプンを含む豆には水分が多く、たくさんの側鎖をもつアミロペクチンを多く含む豆には水分が少ないのだ。

つまり、デンプン側鎖酵素がなければアミロースしかできないので、豆に含まれる水分が多くなり乾燥するとしわになる。それがしわという表現型なのだ。それに対してデンプン側鎖酵素があればアミロペクチンがたくさんできる。アミロペクチンがあれば水分があまり溜まらないので、乾燥しても丸いままだ。結局、メンデルの見つけた丸豆、しわ豆という表現型を決めているのはデンプン側鎖酵素だとわかったわけだ。

酵素というのはタンパク質だから、結局遺伝子はタンパク質を決めていることになる。遺伝する形質にはさまざまなものがある。以前に紹介したようにヒトで言えば血液型、背の高さ、皮膚の色、耳垢や手を組み合わせた時にどちらが上になるか、というようなこともあるし、血友病などの遺伝子病など、多種多様な遺伝がある。それらの遺伝は結局原点に戻るとタンパク質ということになる。表現型はタンパク質が決めている、これが一番大切なことだ。

これまで説明したエンドウの丸型、しわ型で言えば、丸型が優性、しわ型が劣性遺伝子だ。劣性には先に述べたように「劣っている」という語感が伴うが、決して性質が劣っているという意味ではない。側鎖酵素を作れるかどうかの違いだ。

正常な側鎖酵素を作る遺伝子Ａが相同染色体の双方に載っていれば（ＡＡホモ）、当然側鎖酵素が作られ、アミロペクチンがたくさんできるから表現型は丸型になる。２本の染色体の片側に正常な遺伝子Ａがあり、もう一方の染色体に変異遺伝子ａがある場合（つまりＡａヘテロ）も正常遺伝子Ａがあり側鎖酵素ができるので、アミロペクチンが生じて丸型になる。ところが、双方の遺伝子が変異している場合（ａａホモ）、側鎖酵素ができないので結果としてアミロペクチンはできない。そうするとアミロースしかできないので水分の多い豆ができて、結果としてしわになるわけだ。繰り返すが、正常な側鎖酵素を作る遺伝子が優性遺伝子となり、側鎖酵素を作れない遺伝子が劣性遺伝子と呼ばれるわけだ。

２本ある染色体に載っている相同遺伝子の片方がちがっていたら、優性遺伝子がはたらく。ヒトの遺伝で有名なのは血友病だが、この原因遺伝子は血液凝固因子を作る遺伝子だ。凝固因子を作る遺伝子が正常な場合を遺伝子Ａと呼ぶと、Ａを１個でももっていると正常な凝固因子を作れるから、ＡＡホモでもＡａヘテロでも正常な凝固因子をつくれる。劣性遺伝子ｂはホモにならないと発現しない。

このように多くの場合劣性遺伝子はホモにならないと発現しない。しかし特殊な例として、たとえば後で述べるヒトの家族性の遺伝子病ハンチントン症の原因遺伝子は、異常遺伝子が優性なのでヘテロでも発現する例だ。異常遺伝子の産物（タンパク質）が正常遺伝子の産物を上回ってしまうからだ。

■ＤＮＡ塩基配列

これまで説明してきた遺伝子の本体はＤＮＡというひも状の分子だ。ＤＮＡという言葉は普通

図3　DNAの塩基配列

CCCTGTGGAGCCACACCCTAGGGTTGGCCA
ATCTACTCCCAGGAGCAGGGAGGGCAGGAG
CCAGGGCTGGGCATAAAAGTCAGGGCAGAG
CCATCTATTGCTTACATTTGCTTCTGACAC
AACTGTGTTCACTAGCAACTCAAACAGACA
CCATGGTGCACCTGACTCCTGAGGAGAAGT
CTGCCGTTACTGCCCTGTGGGGCAAGGTGA
ACGTGGATGAAGTTGGTGGTGAGGCCCTGG
GCAGGTTGGTATCAAGGTTACAAGACAGGT
TTAAGGAGACCAATAGAAACTGGGCATGTG
GAGACAGAGAAGACTCTTGGGTTTCTGATA
GGCACTGACTCTCTCTGCCTATTGGTCTAT
TTTCCCACCCTTAGGCTGCTGGTGGTCTAC
CCTTGGACCCAGAGGTTCTTTGAGTCCTTT
GGGGATCTGTCCACTCCTGATGCTGTTATG
GGCAACCCTAAGGTGAAGGCTCATGGCAAG
AAAGTGCTCGGTGCCTTTAGTGATGGCCTG
GCTCACCTGGACAACCTCAAGGGCACCTTT
GCCACACTGAGTGAGCTGCACTGTGACAAG
CTGCACGTGGATCCTGAGAACTTCAGGGTG

ヒトのグロビンβ鎖をコードする遺伝子DNAの一部の塩基配列。白抜き分がイントロン、灰色部分がエキソンで、エキソン部分が翻訳されタンパク質となる。『Essential細胞生物学』（ブルース・アルバーツほか著、中村桂子他監訳、南江堂、1999年）、図6-9を一部改変。

に使われているが、ＤＮＡという言葉だけが独り歩きしていて、その中身がよく理解されていないのではないかと思う。なかなかイメージがわきにくい。そこで、遺伝子とは何かを考えるきっかけとして、遺伝子ＤＮＡの塩基配列のごく一部をそのまま示してみる。

図３には、ヘモグロビンという赤血球に含まれるタンパク質をつくる遺伝子ＤＮＡの一部を描いている。正確に言えばヘモグロビンを構成するグロビンβ鎖というタンパク質の一部を作るＤＮＡの塩基配列だ。実際に読んでみると、ＣＣＣＴＧＴＧＧＡなどとＡ・Ｇ・Ｔ・Ｃからなる文字（正式には塩基という）がほぼ無秩序に並んでいる。ＤＮＡは二重らせんだが、この図ではその片側だけを書いている。本当のＤＮＡは二重らせんつまり２本のヒモが絡み

合っているから本来は上下２列にわたって描かなければならないが、二重らせんの塩基の向き合い方は、塩基Ａにはかならず塩基Ｔが、Ｃにはかならず Ｇが向き合うことが決まっているので、片側だけを書けば十分なのだ。

ここには１列に30文字、全部で20行だけを抜き書きにしているので、わずか６００文字しか表示できない。ヒトのゲノム全体のＤＮＡは30億塩基対だから、こうした文字列が30億個延々と並んでいるわけだ。想像のできないほどの文字数だ。よく百科事典が引き合いに出されるが、１０００ページの本１０００冊分くらいの文字数だという。

こうしたほとんど無意味とも思えるような文字列に遺伝情報が担われている。さらにもう１つだけ加えると、ヒトのゲノムＤＮＡに遺伝情報が載っていると言っても、その全部に遺伝子があるのではなくほんの一部に、とびとびに情報が載っているのだ。

図４はゲノムＤＮＡの構造だ。多くの遺伝子（黒塗りの領域）は、スペーサーＤＮＡと呼ばれる意味のない配列に挟まれて存在する。このスペーサーＤＮＡは全ゲノムの75％を占めている。つまり、30億塩基対という膨大な塩基配列は、意味のない長い配列（スペーサーＤＮＡ）―遺伝子Ａ―スペーサーＤＮＡ―遺伝子Ｂ……というように並んでいる。

さらに遺伝子部分にもメッセンジャーＲＮＡに転写されない配列（イントロン）がたくさん含まれている。メッセンジャーＲＮＡに転写されてアミノ酸を指定する配列（エキソン）は、全体のわずか１・５％だということがわかってきた。

図3のグロビン遺伝子の塩基配列は白地の部分と灰色地の部分に分けて書いているが、この灰色地の部分がエキソンでそこだけに遺伝情報が載っている。イントロン（白地の部分）はいわば意味のない配列で、ゲノムDNAにはこのように要らない配列がはさまっているが、なぜこんなことになっているのかはよくわかっていない。

■遺伝子の多様なはたらき

DNAは遺伝子の本体だが、DNAだけでは何事も起こらない。遺伝子の病気はDNAに異常があるだけでは病気にはならない。たとえば後で述べる血友病がなぜ起こるかと言えば、血液を凝固させるためのタンパク質が不完全なために血液が凝固しない、というのが病気の本体だ。遺伝子DNAの情報は最終的にタンパク質へと翻訳されなければならない。

染色体に含まれるDNAがどのようにタンパク質を作り出すかを簡単に説明しておく。分子生物学や遺伝学、細胞学では非常に大事な考え方だ。分子生物学の大原則で、セントラル・ドグマ（中心公理）と呼ばれている。

核の中に染色体があり、染色体の本体がDNAだ。図4で示したようにゲノムDNAの中にとびとびに遺伝子がはさまれていて、遺伝子と遺伝子のあいだにスペーサーという情報の載っていない配列がある。その遺伝子領域のDNA上に書かれている情報が最初にRNAという分子に写される。専門的にはこの過程を転写という。DNAの情報が写し取られて、つまり転写されてR

図4　ゲノムの構造

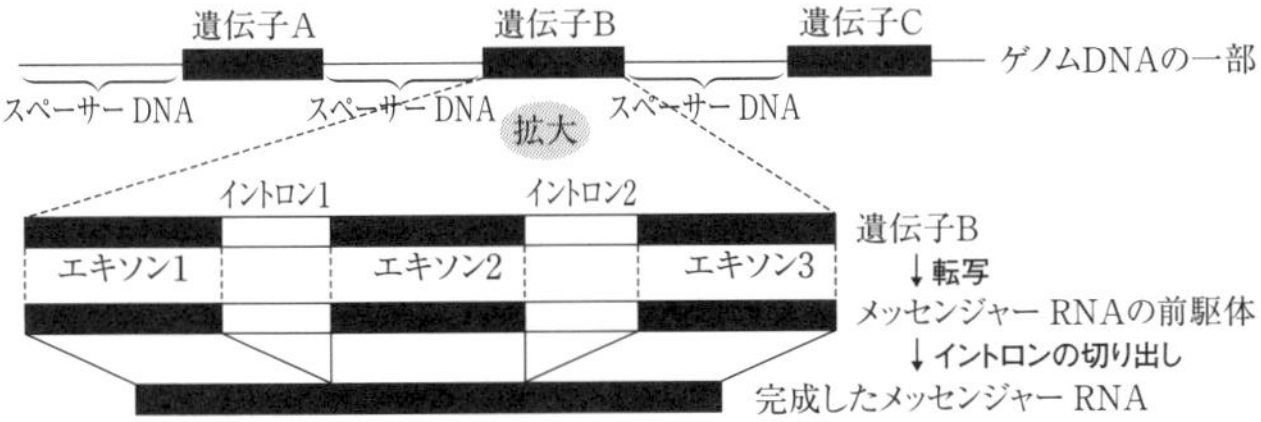

ひとつひとつの遺伝子は、長いスペーサー DNA（非遺伝子領域）によってはさまれて、とびとびに存在する。遺伝子領域はいったん全体として転写されるが、メッセンジャー RNAが完成するときにイントロンが切り出され、エキソンだけがつながって一本のメッセンジャー RNAができる。タンパク質へと翻訳されるDNA領域はゲノム全体の約1.5%程度だ。
『黒人はなぜ足が速いのか』（若原正己著、新潮選書、2010年）、図2より改変。

ＲＮＡができる。転写というのは情報を「写し取る」という意味だ。以前のパソコン用のプリンターやファックスに熱転写という方式があったが、それと同じで写し取るという意味だ。

　写し取られたＲＮＡはそのままではたらくのではなく、次にプロセシングということが起きて、不要なイントロンを切り取る過程がある。このＲＮＡができてくる過程までは核の中で行われるが、プロセシングを受けて完成したＲＮＡ（メッセンジャーＲＮＡという）が細胞質に出てきて、タンパク質が作られる。

　最終的にはこのメッセンジャーＲＮＡからタンパク質がつくられるが、その過程を翻訳と呼ぶ。外国語を日本語に翻訳するのと同じことで、ＲＮＡの塩基配列で書かれた情報を、アミノ酸という部品で出来ているタンパク質という別のことばに置き換える、ということだ。

　分子生物学のセントラル・ドグマは非常に簡単に聞こえるが、遺伝子がどのように発現するか、タンパク質を指定するかはそれほど簡単ではない。重要なポイントは2つある。1つは遺伝情報の載っていない塩基配列にも重要なはたらきがあることだ。そこには遺伝子の転写を始める領域（プロモーター）や遺伝子発現の量をコントロールするエンハンサーと呼ばれる領域がある。プロモーターとエンハンサーを転写調節領域と呼ぶ。こうした領域のDNA配列の情報はタンパク質にはならないが遺伝子発現には大事な領域だ。別の表現をすると、ある遺伝子があってもその遺伝子が発現しなければ意味がないが、その遺伝子発現の時期と量を決めている領域が遺伝子領域以外にあるのだ。その遺伝子がどの程度はたらいているかは最終的な遺伝子産物（タンパク質）の量で決まる。その量を決めているプロモーター領域やエンハンサー領域は、本当の遺伝子領域には含まれない。

もう1つの重要なポイントは、1つの遺伝子領域が1個のタンパク質を作っているわけではないことだ。そのしくみは少し複雑だが、とても重要なことなのであえて説明しておこう。

実際にタンパク質を作っている本当の遺伝子配列はエキソン領域にあるが、そのエキソンは多くのイントロンに挟まれている。たとえば大きな遺伝子では、1つの遺伝子領域に20個のエキソンがあり、その間に19個のイントロンが挟まっているものがある。エキソンをつなぎ合わせてメッセンジャーRNAができるが、どのエキソンを選ぶかによってできてくるメッセンジャーRNAが異なってきて、最終的にできてくるタンパク質も変わってくることがある。ある遺伝子のエキソンが1番から20番まであるとして、そのつなぎ方によって、たとえば、3番目のエキソンと6番目のエキソンをとばして1、2、4、5、7、8……20番目のエキソンを選んでメッセンジャーRNAを作る場合と、2番、4番、8番をとばして1、3、5、6、7、9……20番目を選んでメッセンジャーRNAをつくるやり方（選択的プロセシング）があるのだ。そうすれば1個の遺伝子領域から複数のタンパク質ができる。つまり、1遺伝子が1個のタンパク質を作っているわけではない。ヒトには2万3000個の遺伝子があるが、実際には10万種類以上のタンパク質がつくられている。

■遺伝子多型と遺伝子疾患

ヒトのゲノムは30億塩基対という膨大な長さだが、すべてのヒトが同じ配列をもっているわけではない。一人ひとり違うので個性が生じる。一卵性双生児以外はすべてのヒトはちがった塩基配列をもっている。大体0・1％くらいの塩基が違っていると考えられている。30億塩基対のうち300万個くらいがちがっているという計算になる。こういった塩基配列の違いは遺伝子多型と呼ばれている。

個人によってDNAのどこがどのように違っているのか、いろいろなタイプの遺伝子多型があるが、そのうち一番簡単な多型、並んでいる塩基が1個だけ違っているのを一塩基多型と呼ぶ。延々と並んでいるDNAの塩基のうち決まった箇所で1個だけ違っているものだ。英語ではSNP（シングル・ヌクレオチド・ポリモルフィズム）と言い、略してスニップと呼んでいる。

図5にあるように太郎さん、花子さん、一郎さんを例に具体的に説明しよう。

図5　一塩基多型(SNP)

太郎さん	ACCTGTGAATGAGTG**A**TCGGGCAGCCAAGG
	ACCTGTGAATGAGTG**A**TCGGGCAGCCAAGG
花子さん	ACCTGTGAATGAGTG**A**TCGGGCAGCCAAGG
	ACCTGTGAATGAGTG**G**TCGGGCAGCCAAGG
一郎さん	ACCTGTGAATGAGTG**G**TCGGGCAGCCAAGG
	ACCTGTGAATGAGTG**G**TCGGGCAGCCAAGG

ヒトのSNAP25遺伝子の一部にみられる一塩基多型。3人について、上下二段に父方、母方由来の塩基配列が描かれている。大部分は共通だが灰色抜きの1塩基だけが変異している。太郎さんは両親からAを引き継ぎ、花子さんはそれぞれAとGを、一郎さんは両親からGを引き継いでいる。(『「こころ」は遺伝子でどこまで決まるのか』(宮川剛著、NHK出版新書、2011年、図4-1を改変)

この図ではDNAは上下2段に書いている。なぜ、それぞれのヒトのDNAが2本あるかと言えば、これは染色体が2セットあるためだ。上の段は母方から来た染色体、下の段は父方から来た染色体のDNAだ。DNA自体は二本鎖なので、本当は上の段に2本、下の段に2本書かなければならないが、前にも言ったように二本鎖は相補的だから、下の段は書かなくてもよいので1本しか書いていない。図5の上段と下段の塩基配列は、相同染色体、つまり母方と父方のDNAだと言うことだ。

SNAP－15という遺伝子DNAを調べたところ、その塩基配列の大部分はまったく同じで、ACCTGTGAAとつながっているが、ある場所の塩基だけ、太郎さんは上の段がAで下の段もA、花子さんはAとG、そして一郎さんはGとGというように変化している、というようなことがある。

太郎さんは母方からも父方からもAという配列を引き継いでいるが、花子さんは母方からA、父方からGという配列を引き継いだということになる。一郎さんは、母方からも父方からもGという塩基を引き継いでいるわけだ。さらに、もう少し詳しく言えば、太郎さんと一郎さんは同じ塩基をもっているのでこの部分ではホモで、花子さんはＡとＧというように違っているのでヘテロになる。このように、個人個人によって一塩基だけ違っていることがよくある。

こうした違いが全体の約０・１％あってそれが個性というわけだ。逆に言えば、ヒトのＤＮＡの塩基配列の99・９％はまったく同一だということになる。個性の違いはわずか０・１％の違いしかないということだ。

こうした変異はエキソン領域にも、プロモーターやエンハンサー領域にも生じる。エキソン領域に変異があると、生じてくるタンパク質のアミノ酸がちがってくる場合がある。変異がプロモーター領域やエンハンサー領域にあると遺伝子産物の量に関係してくる。同じ遺伝子をもっていても、エンハンサーの配列が少しでも違えば異なった量のタンパク質ができるので、それが個性の一部になるのだろう。

こうした違いの影響がごく小さいと、それは遺伝子多型という言葉で済むが、１塩基でも違っていると、病気が発症することもある。たとえば、この後に述べる鎌形赤血球症という重篤な貧血になる病気があるが、それはエキソン部分のわずか１塩基の違いで生じる。

■ヒトの遺伝子疾患

この後、本格的にヒトの遺伝子疾患について述べておく。

遺伝子疾患を原因別に分類すると、染色体異常、遺伝子増幅、遺伝子突然変異に分けることができる。

染色体異常は、詳しく言えば限りなくあるが、有名なものとしてダウン症、クラインフェルター症候群、ターナー症候群などをあげることができる。クラインフェルター症候群は性染色体の異常だ。普通は男はXY、女はXXという性染色体をもつが、クラインフェルター症ではX染色体が1本多くなり、XXYという染色体構成をもつ。

ダウン症は、21番目の小さな染色体が3個あることによる症状だ。どうして染色体が3本もそろってしまうことが起きるのか、その原因は減数分裂のときに染色体がうまく両方に等分に配分されないことによる。普通、染色体は分裂時にふたつの細胞に1本ずつ平等に分配されるが、卵子ができるときにそれがうまくいかず、一方に2本とも配分され、もう一方には分配されないことがある。2本とも引き継いだ卵子が正常な精子と受精すると同じ染色体が3本そろうことになる。

高齢になると卵子も老化しこの染色体の配分がうまくいかないことが多い。他の染色体も不等配分されることが起こっているが、21番目の染色体は非常に小さいので障害もすくなく出産する。

たとえば一番大きな染色体が3本もあると、異常がたくさんあって発生がうまく進まず、胚の段階や胎児にいたらず流産・死産するケースが多い。しかし、21番目の染色体は3本あってもほぼ正常に発生して生まれてくるが、いくつかの特徴的な症状があらわれてダウン症と呼ばれる。

昔は比較的短命だったが、今や場合によっては普通の生活を送ることができるようになってきた。考え方によっては、これも個性の1つと考えることもできる。この問題は、本章の最後に出生前遺伝子検査の問題点を考えるときにもう一度述べる。

遺伝子増幅というのはある特定のDNA配列が増幅して起こる障害で、有名な症例はハンチントン病でこの後具体的に述べる。鎌形赤血球症や各種の腫瘍つまりガンの問題もこの後で詳しく述べる。

遺伝子疾患を症状別に分類する方法もある。遺伝子突然変異が原因の疾患をそれぞれ症状別にあげると、代謝異常、内分泌異常、などと区別できる。代謝異常で有名なのはフェニルケトン尿症という障害だ。アミノ酸の一種のフェニルアラニンの代謝がうまくいかない病気で、先天性のアミノ酸代謝障害の遺伝子疾患としては最も多い。内分泌異常では副腎過形成という疾患がある。女性でも副腎皮質ホルモンが出すぎて、体型が男性化する症状が出る。

■鎌形赤血球症

ヒトの赤血球は丸くて少し扁平《へんぺい》なかたちをしている。赤血球が成熟するときに細胞の核がはき出されて無核の細胞になるので、真ん中がへこんだかたちをしている。その赤血球の形が鎌のように変化する遺伝子疾患が鎌形赤血球症だ。ヘモグロビン遺伝子のDNAがわずか1塩基変化するだけで、赤血球のかたちが鎌のように変化して、その結果重篤な貧血が起こる病気だ。

ヘモグロビンはタンパク質の一種で、αグロビン鎖、βグロビン鎖という2種類のポリペプチドがそれぞれ2本ずつ、計4個のサブユニットによって作られている。α鎖は141個の、β鎖は146個のアミノ酸が直線的に並んだ構造をしている。鎌形赤血球症では、βグロビンの先から数えて6番目のアミノ酸がグルタミンからバリンに変化している。βグロビンをコードするDNA配列を調べてみると、すべての塩基配列のうちわずか1個の塩基がAからTへ変化しているだけだ。正常遺伝子と異常遺伝子を比べると、塩基AがTに変化しただけで他は全く変わりがない。しかし、この1字の違いがグロビンというタンパク質のアミノ酸を変えてしまい、赤血球の形が鎌のように変化してしまうのだ。このように形が変化した赤血球は脾臓《ひぞう》で破壊されるので、貧血になってしまう。

この突然変異は場合によっては死に至る貧血を引き起こすし、ヒトにとっては実に不都合なので普通はすべて淘汰《とうた》されてしまう。たとえば、日本ではこのような変異をもったヒトは早死にで子どもを作れないからこの突然変異は生き残れず、すべて排除されてしまうが、アフリカの一部の地域ではこの不利な突然変異が集団内に残っていることが知られている。ヒトの生存に不利な突然変異は集団から消失するはずだ。しかしこの突然変異は、貧血をもたらし場合によっては死に至るが、それにもかかわらずアフリカの一部には残っているという点がポイントだ。

それはなぜか。その地域にはマラリア病原虫が蔓延しており、この鎌形赤血球はマラリアに抵抗性があるからだ。なぜマラリアに強いのかを考えてみる。

この突然変異は２本の染色体の両方とも異常遺伝子になっているいわゆるホモ接合の場合と、２本のうち１本は正常で、片方だけが異常なヘテロ接合の場合がある。ホモの場合は、両方の遺伝子が異常なので正常なヘモグロビンはできず、最初から鎌形の赤血球になる。異常な形の赤血球はそのすべてが脾臓で処理されるから、この場合は深刻な貧血になり命も危ぶまれる。しかし問題はヘテロでもっているケースだ。両親のうち片方から異常遺伝子が来て、もう一方から正常な遺伝子が来た場合だ。そうした場合は、ヘモグロビンの半分は正常だから、とりあえず赤血球は丸い形をしている。ところがマラリアに感染すると、赤血球の中でマラリア病原虫が増殖する。そうすると赤血球内の酸素がマラリア病原虫にとられるので酸素不足になり、赤血球の形が鎌形になってしまう。だから、マラリア病原虫に感染した赤血球だけが脾臓で壊され、中にいるマラリア病原虫を排除するという点がみそだ。

アフリカの熱帯地方に住むヒトたちはこのように非常にうまい方法でマラリアに対抗しているわけだ。こういうしくみがあるので、本来はヒトの生存にとって悪い影響をもつ遺伝子も残ってきた。

17世紀以降アフリカから北米に奴隷として連れてこられた黒人には、鎌形赤血球症の遺伝子が引き継がれていた。しかし、彼らは長い間マラリア病原虫のいない北米で生活してきたから、この遺伝子は次第に少なくなってきて、今では北米の黒人にはほとんど見られない。

■血友病

まず血液がどのように凝固するかを考えてみる。日常的にけがをして出血するということは誰でも経験することだが、血液凝固というしくみは非常に繊細で難しい問題を含んでいる。少し原理的に考えてみよう。

血液のはたらきはたくさんあるが、中でも大事な点は赤血球が体の隅々まで酸素を運ぶということだ。非常に細い毛細血管の先の先まで血液が運ばれるわけで、血管内では血液はサラサラに流れていないと困る。少しでも渋滞したりするとそこに血栓ができて、血管が詰まり最後には血管が破裂したりする。生活習慣病の項で説明した脳梗塞や心筋梗塞という病気があるが、脳の血管が詰まりそこで出血すれば脳出血で、周りの脳の神経細胞が破壊されると脳梗塞になる。心臓への血管が詰まれば最終的には心筋梗塞となり、重い場合は命にかかわる。まさにそうした病気が起こらないように血液をサラサラにしておくことが極めて重要だ。決して血管内で凝固してはいけない。

一方、けがなどをして出血しそのまま放置するとどんどん出血してしまい、最後には死んでしまいかねない。だから、傷の出血はすぐに止めなければならない。血液は、血管内では絶対固まらない、しかしいったん血管から出てたとえば空気に触れると急速に固まるという、相反する条件を満たさなければならないのだ。二律背反と言っていいかもしれない。血液凝固にはこうした微妙な側面がある。だから非常に精巧なしくみが発達した。

血液凝固の主役は血小板という血液に含まれる非常に小さな細胞断片だ。これが空気に触れると、次から次へと反応が進んで、最終的にフィブリンという繊維状のタンパク質ができて、そのタンパク質が周りの血液細胞などをからめ取って凝固する。血管内でこの反応が起こってしまうと大変なので、いくつかのチェックポイントをつくって制御している。この一連の反応は上流から下流へ滝が流れるように進行するので「カスケード」という。このカスケードにはいくつかのチェックポイントがあり、それを一段ずつクリアしながら最終的に凝固するようにしくまれている。

ヒトでは凝固のための因子が10種類以上必要だ。そのうちの第8因子と第9因子が異常になったのが血友病だ。A型とB型があるが、第8因子が不足するA型血友病の方が多いと言われている。

この因子はX染色体に載っているので伴性遺伝する、つまり男性特有に発症する病気として非常に有名なものだ。女性にはX染色体が2本あるから、片方にこの因子が載っていてももう片方に正常因子があれば、凝固因子ができるので発症しない。男性の場合はX染色体が1本しかないから、この遺伝子が変化したヒトは凝固因子を作ることができないのでかならず発症する。

遺伝子病は現在のところ基本的には治療できない。現在は、正常な血液凝固因子を補充する以外に手がない。いわゆる血液製剤だ。献血された血液から有効成分を取り出してそれを患者に投与することで、血液凝固を保証するという治療法がとられている。その血液製剤がＨＩＶに汚染されていて、血液製剤由来のエイズ事件が起きたのは前に述べたとおりだ。

■ハンチントン病

最後にもうひとつ、有名な遺伝病であるハンチントン病についてもふれておく。日本ではあまり発症しないので知られてはいないが、欧米では非常に有名な病気で、原因遺伝子が解明された最初の遺伝子疾患だ。

この病気は家族性の遺伝をする病気として欧米では有名なもので、発症率は白人では10万人に5〜10人、平均すると約2万人に1人の割合で発症する遺伝子疾患だ。民族集団によっては発症率がちがっているが、不思議なことに日本ではずっと少なく10分の1くらい、１００万人に５人程度だ。少ないとはいえ非常に重い病気なので難病に指定されている。

若いうちはまったく発症しないが、多くは40歳代から発症し、神経系が侵されて自由意思によらない運動が起き、はたから見ると踊っているように見えることから「舞踏病」と呼ばれていた。

その原因遺伝子は第４染色体の上にあり、しかもそれが優性遺伝をする。このハンチントン遺伝子が異常になると、優性遺伝子だから時が来れば必ず発症するので、たいへん恐ろしい病気だ。遺伝子疾患の多くは劣性遺伝子によるもので、遺伝子の片方が異常でももう片方が正常であれば発症しないのが普通だ。

遺伝子の何が異常になると発症するのだろうか。ハンチントン遺伝子の一部の配列にＣＡＧという3文字の塩基配列が繰り返し並んでいる部分があるが、それは普通は26コピー以内だ。それが異常に増幅して場合によっては数百個も並ぶ場合がある。そのようにＣＡＧという配列が延々と並ぶと、ＣＡＧという配列はグルタミン酸を指定する並びなので、それが翻訳されるとグルタミン酸が何百と並んだタンパク質が生じる。26個以内であれば問題はないが、これが多すぎるとタンパク質が正常にはたらかなくなり、神経細胞に異常が出てきて、神経細胞は死んでしまう。最終的には自由な運動、自分の意志に基づいた行動がとれなくなり、踊るようにふるまうという表現型になってしまう。

前にも述べたが、多くの遺伝子病は両親からそれぞれ異常遺伝子を引き継いだ「劣性ホモ」でなければ発症しない。ヘテロの場合は正常遺伝子が1個あるので、正常タンパク質ができ発症しない。しかしこのハンチントン遺伝子は、異常遺伝子が1個あれば、その異常タンパク質がどんどん細胞内にたまって、最終的には神経細胞が死んでしまう。

一方の親がこの異常遺伝子をもっていればその子に引き継がれる確率は半々だ。だから、遺伝子検査をすれば異常があるかどうかすぐにわかる。しかし、後で確実に発病するこの因子をもっているかどうかを、早い段階で本人が知ることがはたして良いことかどうかは大変難しい問題だ。

■遺伝子治療の考え方

これまで、いくつかの遺伝子疾患について述べてきたが、この後は遺伝子の異常による病気を何とか治療しようという現代医学の課題の1つである遺伝子治療について考えてみる。遺伝子治療というのはどういったものか、少し原理的にみてみよう。

1人の人間ができるためには父親の精子と母親の卵子が合体することから始まる。精子もしくは卵子の染色体のどちらかに異常がある、もしくは両方に異常があるとその異常は間違いなく子どもに引き継がれる。もし異常な遺伝子を親から引き継いだとすると、その受精卵から発生したヒトの体のすべての細胞の核の中に異常遺伝子が入っていることになる。

その受精卵が2細胞・4細胞・8細胞と分裂して、ついには赤ちゃんになり最終的には60兆個ともいう膨大な細胞になっていくが、その1回ごとの細胞分裂でDNA複製が起こり、娘細胞にはまったく同じDNAが引き継がれるので、どんな細胞にも間違いなく変異が引き継がれる。つまり、体のすべての細胞の核には異常遺伝子があることになる。当たり前と言えば当たり前だが、これが非常に大事な点だ。

60兆個の細胞の1個1個の細胞核の中に異常遺伝子があるわけだから、それを根本的に治療しようと思えば、すべての細胞のDNAを取り出して異常遺伝子を除去するという作業をしなければならない。それは今の技術では実際上無理だ。だから、本格的な遺伝子治療というのはなかなか難しい。

アデノシンデアミナーゼ欠損症という遺伝子疾患がある。20番目の染色体にある常染色体劣性遺伝子の疾患で、リンパ球がうまくはたらかなくなる病気だ。これをもっていれば重篤な原発性免疫不全となり、多くは子どものうちに死に至るという非常に恐ろしい遺伝子病だ。以前は打つ手がなかったが、遺伝子治療が始まった。

実際には患者のリンパ球を取り出し、それにベクター（運び屋）のレトロウィルスを用いて正常遺伝子を導入し、遺伝子導入されたリンパ球をまた患者に戻すという治療だ。それによって、リンパ球が正常にはたらくので生きながらえることができる。

しかし、これは完全な治療ではない。ほんの一部のリンパ球が正常遺伝子をもらうだけだから、そのリンパ球が死んでしまえば効果が続かない。北海道大学病院をはじめ多くの病院でも大変な努力をしているが、完全な治療には成功していない。

これを克服する研究はいろいろあるが、その１つが組織幹細胞を利用するやり方だ。幹細胞については第６章で詳しく述べる。血液幹細胞や神経幹細胞などいろいろ知られている。ひとことで言えばさまざまな種類の細胞に分化できる元の細胞だ。たとえば、骨髄にある造血組織にはいろいろな血球に分化できる血液幹細胞がある。その幹細胞を採りだして遺伝子を導入し、患者に戻してやれば効果が持続すると期待される。

幹細胞は分裂して一方の娘細胞はリンパ球になり、もう一方の娘細胞は幹細胞として残る。このように正常な遺伝子を導入された幹細胞は長いこと生きて新しいリンパ球を作り出す。先に述べた遺伝子治療では、採りだしたリンパ球は完成したものだからやがて死んでいくが、幹細胞は次から次へと新しいリンパ球を生み出す能力があるので、この幹細胞に正常遺伝子を組み込めれば、持続的な効果が期待できる。

これは骨髄にある造血幹細胞を他人からもらって治療する骨髄移植による治療と効果は同じだ。骨髄移植は提供者（ドナー）との免疫の違い（組織適合性の違い）があり、提供者を見つけるのが難しいという欠点があるが、幹細胞への遺伝子導入という方法は自分の造血幹細胞を利用し、組織適合性の問題がないので、この遺伝子治療が期待されているわけだ。

さらに言えば、今注目を集めているｉＰＳ細胞を使用しての医療が実際におこなわれるようになるかもしれない。これについては第6章で改めて議論する。

最近はゲノム編集という新しく開発された技術を使って遺伝子治療がおこなわれるようになった。この技術を使えば、受精卵の異常遺伝子を正常なものに修復して子宮に戻し、発生させることも可能になる。しかし、ヒトの受精卵の遺伝子を人為的に操作することは倫理的に大きな問題があり、手放しでは喜べない。体細胞や幹細胞の遺伝子操作であれば、こうした倫理上の問題がないのでどんどん進めるべきだと思う。

一方では発症した遺伝子症を治療するのではなく、こうした異常をできるだけ最初から少なくしようという考えや動きもある。それは出生前遺伝子診断という問題だ。

■出生前検査の問題

ここで、妊娠中の胎児や羊水を利用した出生前検査の問題を少し検討しておこう。

これまでも出生前検査はいろいろやられてきた。よく知られている超音波断層法は、母体の中の胎児に超音波を照射してその反射、つまりエコーを読み取って主に形を見る方法だ。普通は胎児がどこまで大きくなったかを見るものだが、11週から13週になればよく見ると発生異常が見つかる場合もある。

別の方法は母体血清マーカー検査で、母親の血液を採取して、さまざまな血清成分を検査して調べる方法だ。この方法は胎児や胎盤に直接影響を与えず比較的安全なので、以前から実施されてきた。それに対して絨毛《じゅうもう》検査と羊水検査をすれば非常に高い精度で胎児の異常を見つけることができるが、この方法はどうしても安全性に問題があり、あまり普及していなかった。そこで新しく新型出生前検査法が登場した。

最近注目を集めているのがその新型出生前診断で、母体の血液を採取するだけでかなりの精度で異常を見つけることができるようになってきた。今回の新型診断は安全性が高く、安価で、しかも99％の精度でダウン症などが簡単にわかるというので、勧められている。

この出生前診断は、ダウン症などの染色体異常や、難病の遺伝子疾患が予想される妊娠を事前に検査をしてその危険率を把握し、それを妊婦に伝えて、希望により中絶するというしくみだ。

すでに日本ではこの検査で異常が発見された妊婦の97％が人工中絶をしているという報告がある。これを考えるとこの検査の普及は、大変難しい問題を含んでいる。産むか産まないかの判断は個人によるわけで、外部からあれこれということはできないが、少しでも異常があれば即人工中絶という風潮になれば、安易に賛成というわけにはいかないだろう。

多くの障害者はその障害に負けずに懸命に生きている。また今現在でもダウン症の子どもを育てている親はたくさんいる。出生前検査でこうした染色体の異常があればすべて中絶してしまうことが主流になれば、そうした人たちの生きる努力を無視し、逆に偏見をあおることになるのではないかと心配だ。

ダウン症に関して言えば、以前に比べてダウン症の子どもたちも長生きになり、いつもニコニコとして人懐っこく天真爛漫《てんしんらんまん》な人が多いようだ。いろいろと活躍している人たちもいて、ダウン症だからまったくの障害者だという風潮はなくなっている。いま売り出し中の書家で、金澤《かなざわ》翔《しよう》子《こ》さんもダウン症だが大活躍している。

障害の範囲や障害に対する考え方は社会的な環境で変化していく。変異の幅を狭くとってある範囲の中しか正常と認めない、少しでも障害があると生きる資格がないというような世の中はやはりまずいだろうと思う。障害者は社会の負担になるという思想は、ナチズムの排外主義、優生思想そのものだ。こうした思想は次第に克服されてきたはずだが、２０１６年7月に起こった相模原市の障害者施設での大量殺人事件は世の中に衝撃を与えた。多くのヒトの心の奥深くにある差別意識をなくしていくことが大事だ。

このように時代とともに異常や障害、病気に対する考え方も少しずつ変わっていくので、出生前検査も、もう少し社会的な議論が必要だろうと思う。

同性愛や性同一性障害の人たち、今ではＬＧＢＴ（レズビアン、ゲイ、バイセクシュアル、トランスジェンダー）と呼ばれる性的マイノリティーについては、以前は正常ではない、つまり異常だ、異常ではないとしても、何となく気持ちが悪い、自分には考えられない、などという理由で社会から排除された歴史があるが、今や個性の１つだと考えるようになってきた。性の指向性、つまり男を好きになるか女を好きになるかは個性の問題で、異常ではないというように変化しているのと同じだ。

もっと寛容な世の中を作っていくことが大事だろう。

第4章　ガンと遺伝子

これまでいくつかの染色体異常や遺伝子突然変異の病気を述べてきたが、遺伝子変異による病気の発病率はそれほど高くない。しかし、同じ遺伝子の異常でもガンは非常に発症率が高く、多くのヒトが患者になる。この章では、もう少し広い範囲の遺伝子疾患であるガンについて話を広げていく。

ガンは誰でもかかりうる病気だ。2人に1人がガンを発症し、3人に1人はガンで死亡するという報告があるから、恐ろしい病気であることは間違いない。医学がどんどん発達し、治療方法が改善されているから今やかなりの確率で治るが、それでもガンの死亡数が多いので、国民的に関心の高い病気だ。

日本人のガンの罹患率を調べてみると、男と女で罹患率が違う。多くのガンで比べてみると、喉頭ガン、食道ガン、膀胱ガン、胃ガンや肺ガンなどほとんどすべてのガンが男性の方がかかりやすいが、これは多分男性の方が免疫力が弱いからではないかと考えている。日本人の3大ガンは、肺ガン・胃ガン・大腸ガンだが、こうしたガンがどうして発症するのかを考える。

■肺ガンと喫煙

肺ガンは恐ろしい病気だ。私は2012年に膀胱ガンになり、翌年北海道ガンセンターの泌尿器科で手術を受けた。無事手術も成功し、退院するときにその泌尿器科の責任者の部長先生と面談した。その際先生は「手術がうまくいったし再発もないでしょう」と保証してくれた。雪かきもできるし、スキーなどの運動もやってよい、と言うので大いに安心して、ではお酒はどうでしょうか、と尋ねたところ、「まあお酒もよいでしょう、気分転換にもなりますし。でもタバコはいけません、絶対だめです。肺ガンになればこれは治りませんから」と断言されたのだ。ガンセンターの部長が言ってもよいのかと思うほどの強い勢いで、肺ガンは治らないと言われたので大いに驚いた。本当の肺ガンは結構むつかしい病気なのだろう。

喫煙歴が長いほど、肺ガンにかかる確率は高くなる。タバコを全く吸わないヒトでは発ガン率は比較的低いが、一日に10本、20本、30本と吸う本数が多くなると、それに比例してガンになる率は間違いなく上昇する。その関係は絶対的なもので、だからタバコはやめたほうがよいのだ。

喫煙による危険率はガンになるだけではなく、平均寿命にも関係している。喫煙しない人は喫煙者に比べて明らかに寿命が延びている。統計的に言えば私の年齢（73歳）では、25本以上たばこを吸った人の半分以上は死んでいるが、吸わない人は80％以上も生存している。このようにタバコは体に良くないのは非常にはっきりしているが、私もそれを知りつつ50歳くらいまではタバコを続けていた。そのせいだろうか、残念ながら膀胱ガンと大腸ガンにかかってしまったが、ほんとうにタバコだけが原因かどうかはあまりはっきりしない。

というのも、こうしたガンはさまざまな要因で生じるからだ。一番有名なのは放射線だ。広島・長崎の原爆投下によって、その熱線でやけただれて死んだ人以外にも、生き残った後でも被ばく線量の程度によってガンや白血病患者が出た。１９８６年チェルノブイリ原子力発電所の大事故の後の放射線汚染によって、周囲の住民に白血病や甲状腺ガンが大量に発症した。放射線がガンを引きおこすことは間違いない。

２０１１年の福島原発の大事故によって、２０１６年になっても放射線の影響で福島の子どもたちに甲状腺ガンが増えているのではないかとの報道もある。

放射能の他にも肺ガンのように喫煙によってガンが増えるのは事実なので、化学物質の中には発ガン物質があるのは間違いない。さらに紫外線に当たると皮膚ガンが増えると報告されている。このように発ガンにはいろいろな要因があるが、最終的には細胞分裂の制御がうまくいかなくなってガンが生じる。

細胞分裂は体が生きていくためには必須のしくみだ。毎日膨大な数の赤血球が作られているし、皮膚でも、小腸の上皮細胞でも毎日のように新しい細胞ができては死んでいく。簡単にいえばこの細胞分裂が上手くいかず、無制限に分裂をして異常に増殖してしまうのがガンだということができる。

■化学物質によって引き起こされるガン

18世紀のイギリスは産業革命で石炭の使用が高まった。工場でも家庭でも石炭をたいたので煙突掃除をしなければならない。その結果、煙突掃除人の間で陰嚢《いんのう》ガンが見つかり、煤煙《ばいえん》とタールがその原因と考えられた。その他の研究から、化学物質が体に作用した結果ガンが生じるという仮説が立てられた。

当時、ガンの発生原因は不明で、主な説に「刺激説」、「素因説」などがあった。東京大学医学部の病理学者山極勝三郎《やまぎわかつさぶろう》教授は、煙突掃除夫に皮膚ガンの罹患が多いことに着目してタールがガンの誘因であるという刺激説を採り、実験を開始した。その実験はひたすらウサギの耳にコールタールを塗布し続けるという地道なものだ。山極教授は、助手の市川厚一《いちかわこういち》（のちに北大医学部教授）と共に、実に３年以上にわたって反復実験をおこない、１９１５年にはついに人工ガンの発生に成功した。

それ以前にも海外を含む多くの研究者が挑戦してきたが、多くは実験に失敗していた。それまでは小さな腫瘍的なものを生じても、悪性のものは作れなかった。しかし、山極と市川は信念をもって継続し、とうとうこの発見にたどり着いた。

山極教授・市川助手によるガンの発生に先駆けて、デンマークのヨハネス・フィビゲルが寄生虫による人工ガン発生に成功していた。当時からフィビゲルの研究は一般的なものではなく、山

表1　職場における発ガン物質

化学物質	ガン	暴露の危険性のある労働者
普通の暴露		
ベンゼン	骨髄性白血病	塗装工;染料使用者;家具仕上げ工
ディーゼル排気ガス	肺	鉄道およびバスの車庫労働者;トラック運転手;坑夫
ミネラルオイル	皮膚	金属機械工
殺虫剤	肺	霧吹き作業者
タバコのタール	肺	喫煙者
特殊な暴露		
アスベスト	中皮腫、肺	ブレーキライニング、断熱処理工
合成鉱物繊維	肺	壁とパイプの断熱剤および輸送管包装材料使用者
髪の染料	膀胱	ヘアードレッサーと理髪師
塗料	肺	塗装工
ポリ塩化ビフェニール	肝臓、皮膚	油圧液、潤滑剤、インク、接着剤、殺虫剤の使用者
煤煙	皮膚	煙突掃除人;れんが職人;消防士;暖房装置サービス工

『レーヴン／ジョンソン生物学・上』P. レーヴンほか著、R/J Biology翻訳委員会訳、培風館、2006年、表20-3を改変

極教授の研究こそがガン研究の発展に貢献するものではないかという意見が存在していたにもかかわらず、1926年にはフィビゲルにノーベル生理学・医学賞が与えられた。

しかし1952年になってからアメリカの研究者が、フィビゲルの観察した病変はビタミンA欠乏症のラットに寄生虫が感染した際に起こる変化であり、ガンではないことを証明した。フィビゲルの残した標本を再検討しても、ガンと呼べるものではなく、彼の診断基準自体に誤りがあったことが判明した。現在では人工ガンの発生は山極・市川の業績に拠るといえる。

山極教授は4度ノーベル生理学・医学賞にノミネートされている。また、市川厚一博士も1度ノミネートされている。

この中で最も受賞の可能性が高かったのはフィビゲルが受賞した1926年だったが、残念ながら山極教授の受賞はならなかった。幻のノーベル賞と言われている。

表1にこれまで知られている職場における化学発ガン物質の一覧をあげておいた。実にさまざまな化学物質が私たちの生活を取り巻いていることがわかる。アスベストが中皮腫という肺ガン

の一種の原因であることがわかりその製造・使用は禁止されているが、古い建物にはいまだ残っており、その害が心配されている。最近では印刷工場で使用されている有機溶媒のジクロロメタンやジクロロプロパンが、胆管ガンの原因物質として特定された。

■細胞分裂と細胞周期

細胞は分裂をしながら増えていく。その細胞分裂がうまく制御できないケースがガンだ。だから、ガンを理解するためにはとりあえず細胞分裂について知っておかなければならない。

細胞分裂の本質をひとことで言うと、2段階ある。第1段階は核に含まれる遺伝子DNAを倍加する、つまり2倍に増幅する、専門的には複製というが、これが第1段階だ。つぎに、その複製した遺伝子DNAをふたつの細胞に平等に分けることだ。

細胞分裂の前にはDNA分子が複製されて2倍になる。まず2本のらせんがほどけて、それぞれの鎖にDNAを複製する酵素であるDNAポリメラーゼがくっついて、DNA分子の塩基配列を読み取って、AにはTを、CにはGを、TにはAを、というようにどんどん新しい鎖を作っていく。相手を鋳型（テンペレート）として、そのコピーを作っていく。

DNAの二重らせんの塩基は相補的、お互いの向きあう塩基がきまっているので、こうして相手を読み取ると、合成された新しい二本鎖はまったく同じものだ。複製されたDNAは、古い鎖と新しい鎖がより合わさっている。半分は古いままなので半保存的複製と言う。

図6　細胞周期とチェックポイント

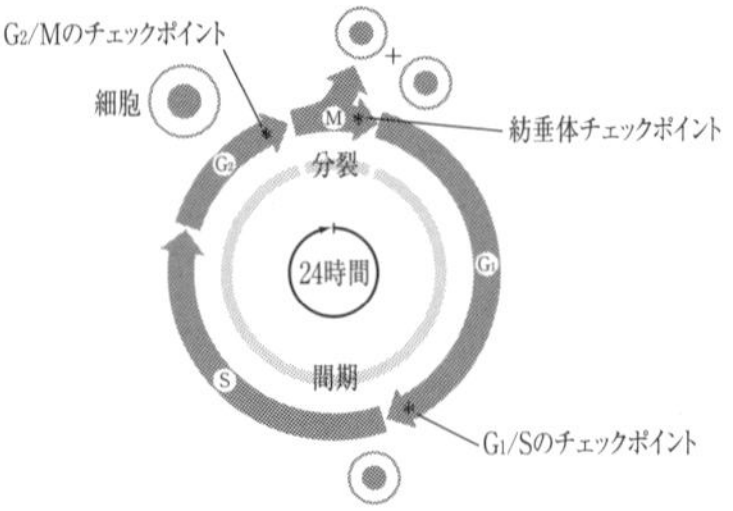

細胞分裂を終了した細胞から始めると、G_1（ギャップ1）期、S（DNA合成）期、G_2（ギャップ2）期、M（分裂）期の4期に分けられる。G_1期は細胞の成長期、S期ではDNAが複製され、M期で細胞が2個に分裂する。G_2期は次の分裂に向かう準備期間である。細胞周期の3か所にチェックポイントがあり、周期を進めてよいかチェックしている。
『レーヴン／ジョンソン生物学・上』（P・レーヴンほか著、R/J Biology翻訳委員会訳、培風館、2006年）図11-16を改変。

図6はDNA複製の様子と細胞分裂の進行具合を模式的に示したもので細胞周期と言う。DNA複製を中心に、細胞分裂がどのように進行するのかを理解するにはとても大事なものだ。この細胞周期が1回まわると最終的に1個の細胞が2個に分裂することになる。細胞周期は、大きく4つに分けることができる。

細胞分裂が終わった直後の細胞からはじめると、最初がG_1期、つぎにDNAを複製するS期、その次がG_2期、分裂する段階をM期と呼ぶ。そのS期にDNA複製が生じる。30億塩基対ものながいDNAが複製される時期だ。細胞の種類にもよるが、この細胞周期が1周りするには大体24時間くらいかかる。このS期と呼ばれるDNA合成時間は、大体10時間くらいかかる。生体ではこうした細胞分裂が毎日のようにくるくる回っている。

DNAの複製は複雑な仕事でどうしても間違いが生じるので、それをチェックするシステムが生じた。細胞周期1周りに3か所のチェックポイントがある。図6がそれを示している。ひとつはG_1期の後半にあるG_1／Sチェックポイントだ。これからDNA合成を始めるわけだが、そのもとになるDNAに異常がないかをチェックするポイントだ。2番目はG_2期の最後、これからＭ期に入るという時点で、G_2／Ｍチェックポイントと呼ばれるものだ。複製されたＤＮＡが本当に正しいか、分裂期に入ってもよいかどうかをチェックするポイントだ。最後のチェックポイントは、Ｍ期の終わりにあって、染色体とそれを引っ張る紡錘糸が正しく結びついているかどうかをチェックする点だ。

このチェックポイントの中でも特に重要なのが、Ｇ１期の後半にあるものだ。万が一ＤＮＡに損傷があればそれをチェックするタンパク質がやってきて、ＤＮＡの傷を修復する。紫外線や化学物質などいろいろなものがＤＮＡを傷つけるし、なんといっても全長30億塩基対ものＤＮＡを端からどんどん複製していくのでどうしても間違いが生じる。その間違いをもとのＤＮＡと同じ配列に修復するシステムがある。

■細胞分裂を監視するシステム

細胞周期のG_1／Ｓチェックポイントの中心メンバーがｐ53というタンパク質だ。

細胞のＤＮＡは放射線や紫外線、いろいろな化学物質や場合によっては体の中で生じる活性酸素などによって傷が生じる。ＤＮＡにこうした傷があるとｐ53タンパク質がやってきてＤＮＡの傷を見つけ、ＤＮＡを修復する酵素を作る。ＤＮＡ修復酵素だ。

もしＤＮＡの二本鎖の一方の鎖が切れてしまった場合、もう一方のＤＮＡ鎖が残っていればそれを参照してＤＮＡを修復することができる。ＤＮＡの二本鎖は必ずＡにはＴが、ＣにはＧが向かい合うことになっているので、一方の鎖が正常に残っていればそれに基づいて修復できるわけだ。

修復がうまくいかないときには、その細胞を見つけて破壊してしまう。アポトーシスと呼ばれているが、ＤＮＡが修復されなかった細胞は自分で死んでいく。いわば自殺に追い込まれる。このように異常なＤＮＡをもった細胞は排除される。これが正常な体で起こっていることだ。しかし、場合によってはｐ53タンパク質の遺伝子が突然変異で異常になってしまうケースも想定される。

ｐ53タンパク質が異常になったときには、ＤＮＡの修復酵素もできないからＤＮＡの修復ができないし、その変化した細胞も自殺することができない。こうした細胞はＤＮＡに傷を残したまま、異常を残したまま分裂を続けることになる。

非常に単純化したがこれがガン細胞なのだ。ｐ53タンパク質が正常であればガンを阻止することができるから、いわばｐ53タンパク質を作る遺伝子は「ガン抑制遺伝子」というわけだ。つまりこのガン抑制遺伝子というのは、ＤＮＡの傷を見つけて、それを修復するはたらきをする遺伝子だ、と考えてもらえばよいだろう。

ｐ53タンパク質を作る遺伝子ｐ53は代表的なガン抑制遺伝子だが、それ以外にも非常に多くの遺伝子がガンを作ったりガンを抑制したりしていることがわかっている。

■ガン遺伝子とガン抑制遺伝子

ガンに関連する遺伝子は２００個以上ある。そのはたらきによって大きく2つに分けられる。１つは原ガン遺伝子とよばれるもので、ガン遺伝子のもとになる遺伝子だ。原ガン遺伝子は、正常な場合は細胞分裂をきちんと進めるためにはたらく非常に大事な遺伝子だ。正常な状態でガンを作るわけではない。ガン遺伝子ではないので、正確には原ガン遺伝子と呼ばれる。変異を起こせばガンを引き起こす遺伝子という意味だ。この遺伝子のはたらきは細胞分裂をどんどん進めるものだから、いわばアクセルのはたらきだ。

もう一方はガン抑制遺伝子だ。文字通りガンになるのを抑制する遺伝子で、そのはたらきは、細胞分裂にブレーキをかけると考えればよいだろう。

非常にたくさんのガン関連遺伝子が知られていて、その一部を表2にまとめておく。たとえば原ガン遺伝子で有名なのはアーブBと

表2　ヒトのガンに関係する遺伝子

原ガン遺伝子	ガンの種類
①成長因子、成長因子の受容体の遺伝子	
erb-B	脳のガン、乳ガン
erb-B2	乳ガン、卵巣ガン、脳のガン
PGDF	脳のガン
RET	甲状腺ガン
②細胞内シグナル経路の遺伝子	
K-ras	肺ガン、結腸ガン、すい臓ガン
N-ras	白血病
c-myc	肺ガン、乳ガン、胃ガン
③その他の原ガン遺伝子	
bcl-1	乳ガン、頭部および首のガン

ガン抑制遺伝子	ガンの種類
①細胞質タンパク質の遺伝子	
APC	結腸ガン、胃ガン
DCP4	すい臓ガン
NF-1	骨髄性白血病
②核タンパク質の遺伝子	
p53	広い範囲のガン
Rb	乳ガン、骨ガン、膀胱ガン
③細胞の局在が不明のタンパク質の遺伝子	
BRCA1	乳ガン、卵巣ガン
BRCA2	乳ガン

『レーヴン／ジョンソン生物学・上』P.レーヴンほか著、R/J Biology翻訳委員会訳、培風館、2006年、表20-3を改変

いう遺伝子やラスとかミックといういくつかの遺伝子だ。これが変異すると乳ガンや肺ガン、胃ガンなどになるものだ。繰り返すが、このアーブ遺伝子、ラス遺伝子、ミック遺伝子などは、細胞分裂には非常に重要なはたらきをする遺伝子で、正常な細胞分裂にはなくてはならない遺伝子だ。その遺伝子がちょっとした変異を起こし、正常にはたらかなくなると細胞分裂が暴走してしまい、ガンになるというわけだ。

一方のガン抑制遺伝子の代表が先ほど述べたｐ53という遺伝子だ。この遺伝子が正常な場合には、ＤＮＡの変異があったとしてもそれをきちんと修復して正常な細胞分裂を誘導できるので、ガン化は抑制されているが、いったんこのｐ53遺伝子が異常になってしまうと、ＤＮＡの修復ができずにガンになってしまう。

ガン化に関与する遺伝子は数百個見つかっているが、同じ種類のガンでも患者によって原因となる遺伝子が異なっていることも多く、どの遺伝子に焦点を当てて治療すべきかわからないのでその治療が進んでいなかった。しかし、最近になって多数あるガン関連遺伝子の変異の中でも、ガン細胞の増殖や生存に特に有利にはたらく遺伝子と、変異してもそれほど影響をもたない遺伝子の区別がつくようになった。ガン細胞の発症や増殖・生存に強くはたらく遺伝子を「ドライバー遺伝子」と呼び、それに対してガン化した細胞の中で変異してもあまり影響を及ぼさない遺伝子を「パッセンジャー遺伝子」と呼ぶようになった。ガン細胞を乗り物にたとえて、その乗り物をどんどん進める遺伝子（ドライバー遺伝子）と、ただその乗り物に乗っているだけの遺伝子

（乗客＝パッセンジャー遺伝子）というわけだ。

その患者がどういったドライバー遺伝子変異をもっているかがわかれば、ピンポイントでの治療方法が確立する。それが後で述べる一人ひとりの遺伝子変異を調べて、そのヒト個人に適した治療を行う「テイラーメイド医療」の原理だ。

■遺伝子変異の積み重ね

さて、ガンになる・ならないということを遺伝子レベルで考えてきたが、これまで述べてきたことをまとめておく。

ガンは一気にできるものではなく、段階を踏んで進行する。よく大腸にポリープができた、内視鏡で手術したという話を聞くし、私も大腸ポリープが発見されて手術をした。普通は良性のものが多いのでほとんど心配はいらないが、それを放っておくとだんだん悪化して大腸ガンになってしまうというような話はよく聞く。

その様子を少し詳しく述べておく。大腸の表面の正常な上皮細胞は日常不断に分裂して、古い細胞はドンドン剝げ落ちる。ガン化の第一ステップはＡＰＣというガン抑制遺伝子が変異を起こし、その結果その細胞分裂が異常になり、細胞が余り出す。この状態が良性ポリープの段階だ。この段階で発見されて手術すれば大事にはならない。ところが放置すると時間とともに次の段階に入る。ラスという原ガン遺伝子やＤＣＣというガン抑制遺伝子が変異を起こすと、このポリープはどんどん大きくなってしまう。ここまではまだガンとは言えないが、次に一番有力なガン抑制遺伝子であるｐ53が変異を起こすと本格的なガンになる。ｐ53が正常にはたらかないと傷ついたＤＮＡの修復もできず、前ガン状態の細胞の除去もできなくなり、ポリープはガン化する。ここでようやくガンになるわけで、次から次へと遺伝子が変異を積み重ねることがガン化には必要なのだ。さらに別の遺伝子が突然変異を起こすとさらに悪化してさまざまな臓器に転移してしまう。つまり悪性の転移するガンになるためには少なくとも５つの遺伝子が次から次へと変異することが必要なのだ。正常な細胞はできるだけガンにはならないようにしくまれているが、それでもこうした防壁を突破してガンになる。

ガン抑制遺伝子の変異による発ガンを説明するものとして、ツー・ヒット仮説がある。ガン抑制遺伝子も他の遺伝子と同様に通常は母方から来た染色体と父方から来た染色体に載っているから２個ある。ほとんどの場合その両方ともが正常だ。しかし何らかの原因で、片方の遺伝子に変異が生じるとガン化の危険性が増すが、この段階でもう一方が正常なので、発ガンは抑制されている。しかし、さらに残りの遺伝子が変異すれば、２個とも変異したことになりガンを抑制できない状態になる。つまり変異が２個重なれば（ツー・ヒットすれば）、発ガンするという仮説だ。なかなか説得力のある話だ。

場合によっては、親のいずれかから引き継いだ染色体がすでに変異した抑制遺伝子をもっていることもある。ガンの素因を引き継いだというのはこうした状態で、もう一方が変異すれば間違いなく発ガンするというわけだ。

■遺伝子検査と予防的切除手術

これまで述べてきたようにガンの発症は遺伝子と大いに関係している。ある特定の遺伝子に異常が生じればガンになる確率が高いことがはっきりしてきた。乳ガンになるのはたとえばA遺伝子に変異がある場合だ、肺ガンにかかるのはB遺伝子に変異がある場合が多い、という知識がどんどん蓄積されたので、そうした知見を基に、まだガンが発症していないのにガン関連遺伝子の検査をすることが始まった。

とりあえず有名な原ガン遺伝子とガン抑制遺伝子をまとめておく。乳ガンを引き起こす遺伝子としてはアーブBという遺伝子がある。一方、BRCAという乳ガンのガン抑制遺伝子もある。さまざまな遺伝子がガンの暴走を抑えているが、アーブBとBRCAが変異してはたらかなくなると、ガンに向かって走り出す。中でも注目を集めているのは乳ガンの抑制遺伝子BRCAだ。

一番有名なのはハリウッド女優のアンジェリーナ・ジョリーさんの手術だろう。お父さんは有名な俳優ジョン・ボイトだ。『帰郷』（1978年、米国、ハル・アシュビー監督）というベトナム反戦映画でアカデミー賞の主演男優賞をとった俳優だし、彼女自身も『17歳のカルテ』（1999年、米国、ジェームズ・マンゴールド監督）でアカデミー助演女優賞を受賞している実力派俳優だ。彼女は家系的に乳ガンの変異遺伝子をもっていることが判明したために、思い切って両方の乳腺を切除し、それを公表して大きな話題となった。

先ほど説明した発ガンの「ツー・ヒット説」によれば、ガン抑制遺伝子の2つともが変異したら発ガンするというわけだ。遺伝子は父方から来たもの母方から来たものの2セットあるから、このBRCA1にしてもBRCA2にしても2個ずつある。その遺伝子のうち片方がすでに変異した状態で親から引き継いでいれば、早晩もう一方の遺伝子も変化するはずなので危険率は圧倒的に高い、と考えられる。アンジェリーナ・ジョリーの場合は、まだ乳ガンを発症しているわけではないが、お母さんからすでに変異した遺伝子を引き継いでいるので、遅かれ早かれ確実に乳ガンになるだろうということで手術に踏み切ったのだ。さらに彼女は、少し時間がたってから卵巣の摘出手術も受けた。やはり卵巣ガンの危険率が高かったからだ。

このように、特定の遺伝子変異があれば時間がたてば確実に発症するので、予防的切除手術は日本でも始まった。すでに北海道でも3例の予防的切除手術があったと新聞で報道されている(2016年2月)。今のところ保険は適用されていないようだが、いずれ保険も適用になるだろう。出産・子育てを終わった女性なら、寿命をまっとうするために予防的な乳房の切除はあるだろうと思う。

しかし、この遺伝子診断はなかなか難しい問題を含んでいる。今述べた乳ガンや卵巣ガンの場合は、もし検査を受けてガン遺伝子が陽性だ、ということになれば切除手術という治療法があるからよいが、たとえば先に述べたハンチントン病の場合は、今のところ基本的な治療法がない。

この遺伝子病は優性遺伝をするから、親からこの遺伝子を引き継げば、時間が来ると必ず発症する。若い時に遺伝子診断をして、変異遺伝子を受け継いだということがわかってしまったら時限爆弾を抱えたようなものだ。その後どうやって生きたらよいか、それを告知するかどうかが大きな問題となる。もっと社会的な議論が必要だろうと思う。

■外科手術・抗ガン剤・放射線治療と免疫療法

私の経験から言うと、ガンは初期に発見し適切な治療をすることが一番大切だ。治療にあたって重要なのは、気持ちが負けないということだろう。昔はガンの告知はしないことが多かったようだが、最近は末期ガンのような特殊なケースを除いてガンであることを告知し、治療するのが普通だ。同様に患者も昔はガンに罹ったこと、ガン患者になったことを隠すことが多かったようだが、ガンになったことを公表し、堂々と立ち向かうのがよいと思う。ガンを隠さず公表すること、規則正しい生活をすること、やりがい・生きがいをもつこと、ガンになっても平常心を保つことがガンに立ち向かう姿勢として大事だと思っている。

今の常識的な医学で言えば、ガン治療は早期発見、外科的切除手術、抗ガン剤を含む化学療法、放射線療法だが、今後発展するのは免疫療法だろう。

最近の外科手術は内視鏡や腹腔鏡手術が多くなり、患者の体への負担が以前に比べて少なくはなったが、やはり身体へメスを入れるわけだから患者の体力をそぐし、感染などの危険も増す。

抗ガン剤はもともとガン細胞の細胞分裂を抑制することが第一義だからどうしてもほかの臓器の細胞分裂も抑えることになる。特に日常不断に細胞分裂を繰り返している消化管の上皮細胞、血球細胞・リンパ球の分裂も同時に阻害されるので、吐き気が生じ食欲がなくなり、免疫力も低下するので身体が弱ってしまう。放射線治療も同様で、身体にメスを入れない非侵襲的療法とはいえ、どうしても他の臓器へ放射線が当たるのでその悪影響がある。やはりもっとも重要で、一番力を入れるべきは免疫賦活《ふかつ》療法だろう。

第2章で述べたように、免疫システムには自然免疫と獲得免疫があるが、ガン細胞と闘うのは進化的に最も古い免疫系である自然免疫だ。異物を発見して食細胞が食べてしまうのが基本的な役割だ。ガン細胞はもともとは自分の細胞が変化してきたものだから、異物ではないはずだが、その表面がわずかに変化するので異物として処理される。ヒトの体内では平均して1日に数千個のガン細胞が出現しているという。そのほとんどすべてが、体内の免疫細胞で除去されている。その免疫システムをかいくぐった細胞がガンを形成する。だから免疫システムの初動活動でガン細胞を除去することが一番大事なのだ。火災の場合もそうだが、失火しないことが原則だが、万が一出火しても初期に抑えることが極めて大事で、それと同じだ。日々生じるガン細胞を未然に抑えることが大事なのだ。

以前、私が膀胱ガンを発症したとき（2012年）、最初の治療法は「膀胱内BCG注入法」だった。弱毒化した結核菌を膀胱内に直接注入し、それによって免疫系を賦活してガン細胞をやっつけるというものだ。ＢＣＧと言えば小学校でツベルクリン反応に陰性の児童がＢＣＧ注射を受けたという痛い思い出につながる。そのＢＣＧがいまどき医療現場で使われているとは夢にも思わなかったが、初期の膀胱ガンにはきわめて有力な方法らしく、６～７割はこれで治ると言われた。やはり免疫力はガンに対する有力な手段なのだ。残念ながら私の膀胱ガンはもう少し進行していたからこの方法では治癒できず、結局外科手術に踏み切り、今では完全に治癒している。さらに言えば、有名な丸山ワクチンも熱湯処理で死滅した結核菌を使用するので同じ原理なのだろう。

１９９０年代までの免疫療法は、「非特異的」ガン免疫療法と言われている。体全体の免疫能を底上げしてガンと闘うことを目指すものだったが、開発されたいずれの治療でも進行ガンに対する単独での有効性は証明されていない。主に民間療法として使用されているアガリクス、プロポリス、シイタケ抽出物などもこの非特異的免疫療法と言ってよいだろう。

■免疫チェックポイント阻害剤

１９９０年代に入り、免疫細胞がガン細胞を攻撃するメカニズムが明らかにされ、「正常細胞に影響なく、ガン細胞だけを攻撃する」という「特異的」ガン免疫療法が医療の現場に取り入れられるようになった。すなわち、体全体の免疫の活性化しかできなかった非特異的ガン免疫療法から、ガン細胞に特化した免疫力を高め、より効率的に作用する特異的ガン免疫療法へと発展した。

代表的なものとして樹状細胞ワクチン療法と免疫チェックポイント阻害剤がある。樹状細胞ワクチン療法は、樹状細胞のはたらきを活かしたガン治療だ。樹状細胞とは免疫細胞の1種で、抗原提示細胞として機能している。抗原提示細胞とは、侵入した抗原を未だ抗原に会ったことのないT細胞（ナイーブT細胞という）に提示して、それを活性化させる大事な免疫細胞だ。外界に触れるヒフ組織をはじめとして鼻腔、胃、腸管に多数存在している。もともとガン細胞は、自分自身の正常細胞から変異しているため、樹状細胞といえどもガン細胞を認識することは容易ではない。そこで、自身のガン組織や、人工的に作製したガンの特徴をもつ物質（ガン抗原）を用いて、患者の樹状細胞にガンの目印を認識させてから体内に戻す。すると体内では、T細胞が樹状細胞からガンの目印を教わり、ガン細胞を狙って攻撃を開始する。このように樹状細胞ワクチン療法は、効率よくガン細胞を攻撃し、かつ正常細胞を傷つけないことから、「ガンに厳しく患者にやさしい治療法」と言われる。

免疫応答を抑える分子のはたらきが徐々に解明されてきたことも加わり、21世紀の免疫療法は飛躍的に進化した。その代表が免疫チェックポイント阻害剤と呼ばれるもので、最近注目を集めたオプジーボに代表される治療法だ。

ガン細胞はT細胞の攻撃から逃れるために、PD—L1という物質を作り出している。PD—L1はT細胞の攻撃をやめさせるためにT細胞がその細胞表面に発現するPD—1というタンパク質と結びつく戦術を編み出している。名前が似ているので混乱しやすいが、ＰＤ―Ｌ１の「Ｌ」は相手に結合するもの（リガンド）の省略で、ＰＤ―１と結合する分子だ。

そこで、ＰＤ―１とＰＤ―Ｌ１の結びつきを阻害する薬が開発された。それには２つの方法がある。１つはＴ細胞が作るＰＤ―１に対する抗体を作る方法、もう１つはガン細胞が作り出すＰＤ―Ｌ１に対する抗体を作ることだ。抗ＰＤ―１抗体を作りそれを投与すると、Ｔ細胞の表面にあるＰＤ―１と結びつくことで、ガン細胞の表面に発現しているＰＤ―Ｌ１と結合できなくなるので、ガン細胞は免疫の攻撃を免れなくなる。逆に抗ＰＤ―Ｌ１抗体は、ガン細胞の表面にあるＰＤ―Ｌ１と結合するので、ガン細胞は免疫細胞の攻撃を免れることができない。２０１６年に薬価が半額となり使用されるようになったオプジーボは、抗ＰＤ―１抗体だ。

最初は特定のガン（皮膚ガン）にしか使用が認められず非常に高価な薬だったが、肺ガンにも使うことが認められるようになり、末期ガンの治療にも大きな威力を発揮している。

■新しい分子治療

これまで原ガン遺伝子とガン抑制遺伝子の変異が積み重なるとガン化するという説明をしてきた。ガンは細胞の分裂が正常に行われなくなることが原因だから、ガン化は細胞分裂のしくみと密接に関係している。

そのガン化のそれぞれのステップに沿って、新しい分子治療が開発されている。少し専門的すぎるかもしれないが、ガンの治療に関する新しい知見なのであえて述べておこう。難しすぎるようなら読み飛ばしてもらってかまわない。

多くの治療法があるが、ガンの開始からガン細胞の増殖転移までの治療を順に見ていく。

1　細胞の分裂は、その細胞表面にある受容体に成長因子が結合することが始まりだ。表2に載せた成長因子あるいはそれらの受容体をコードする遺伝子（これらが原ガン遺伝子）が常にオンとなるように変異すれば、ガン遺伝子となってしまう。細胞表面の成長因子受容体数を増加させる突然変異は、細胞分裂を引き起こす信号を増幅してガンを誘発させる。いわば細胞分裂にアクセルがかかる状態になる。

そこで、増幅した受容体をもつ細胞を攻撃する方法が開発された。細胞分裂の信号を受け取るタンパク質に対する特異的な抗体が治療薬となりえる。たとえば乳ガン細胞はＨＥＲ２（ハー・ツー）というタンパク質を過剰に生産するので、ＨＥＲ２に対する抗体を投与すれば、乳ガン細胞は免疫系の攻撃を受け選択的に殺される。

2　細胞分裂を促す成長因子の情報は細胞内に伝達される。細胞のすぐ内側でタンパク質のスイッチがオンになり、細胞内部に分裂の信号を送るのだ。細胞内シグナル経路における細胞質因子をコードする遺伝子（たとえばラス）が変異すると、シグナルが増幅されっぱなしになり、細胞分裂がどんどん進むことになる。この段階に焦点を当てた治療法では、ある種の酵素（ファネルシルトランスフェラーゼ）によって正常なはたらきをもつラス・タンパク質をつくり細胞分裂の暴走を止めることができる。

3　細胞分裂を引き起こす情報は、さらにタンパク質キナーゼと呼ばれる酵素によって増幅される。この段階に焦点を当てた治療法は、突然変異キナーゼに対して特異的な「アンチセンスRNA」を用いる方法がある。第3章で述べたようにタンパク質はメッセンジャーRNAの情報に従ってつくられる。そのメッセンジャーRNAは「意味のある」タンパク質の情報を担っているので「センス」RNAと呼ぶことができる。もし、このセンスRNAと相補的な配列（「裏返し」の配列、つまりアンチ・センスRNA）を作れば、センスRNAとアンチ・センスRNAが相補的に結合するので、センスRNAがはたらけなくなり、突然変異キナーゼの生産を抑えることができる。

4　細胞分裂促進の情報は核内へ伝えられ、核でDNAの複製を抑制している「ブレーキ」を解除する。正常細胞では、Rbというガン抑制タンパク質がE2Fと呼ばれる転写因子タンパク質の活性化を抑えている。E2Fが抑制されていないと、細胞はDNAを複製できる。突正常な細胞分裂はRbの阻害がきっかけとなってE2Fが活性化されることで進行する。突然変異によってRbが破壊されるとE2Fの抑制が外れ、止むことのない細胞分裂が導かれてしまう。つまり本格的なガン化だ。この段階に照準をあてた治療法が開発されつつある。E2F阻害物質が見つかればガンの成長を止めることができるので、そこに焦点を当てている。

5　細胞分裂をするかどうかを決める最終段階は、ＤＮＡに損傷がなく分裂の準備が整っていることが確認されることだ。複製されたＤＮＡが損傷を受けていないことを確認する代表は、これまで何度も登場したｐ53タンパク質だ。もしｐ53遺伝子が変異によって破壊されると、その後の損傷は修復されずに蓄積されてしまう。ガン細胞のほぼ50％で変異したｐ53遺伝子が見つかっている。特に肺ガンの70～80％が突然変異で不活性になったｐ53遺伝子をもっている。そうした突然変異ｐ53をもっているガン細胞を見つけ出して破壊する方法が開発された。アデノウィルス（軽い風邪の原因となるウィルス）を利用した方法だ。

　アデノウィルスは宿主細胞内で増殖するためには、自分のＥＩＢという遺伝子産物を用いて、宿主細胞の内のｐ53のはたらきを妨害し、宿主細胞内での自分のＤＮＡ複製をおこなう。突然変異でＥＩＢをもたないアデノウィルスは、正常な宿主細胞では増殖できない。しかし、欠陥のあるｐ53をもつガン細胞では確実に増殖することができる。その結果、宿主細胞（つまりガン細胞）を破壊することができる。人為的に作った肺ガンをもつマウスの実験では、ＥＩＢ欠損アデノウィルスで処理すると、肺ガンの60％が消失したという。

6　ガン化の最後の段階は、細胞分裂が無限に進むように細胞を変化させることだ。正常な細胞は無制限に細胞分裂ができないようにしくまれている。第6章で述べるように成人の正常な細胞は普通50回くらいしか分裂できない。ガン化した細胞はそのしくみを乗り越えなければならない。そのために染色体の末端にテロメアという特別な構造を付加する。テロメアについては第6章で詳しく説明する。

テロメアを作るにはテロメラーゼという特殊な酵素が必要だが、正常細胞ではテロメラーゼのはたらきが阻害されている。ガン化した細胞はテロメラーゼ阻害因子を破壊する突然変異が起こっていて、テロメアがどんどんできてしまう。こうして細胞は無制限に分裂するようになりガン化するわけだ。だからテロメラーゼのはたらきを阻害するとガン化にブレーキがかかることになり、それを焦点にした治療がある。

■ガンの広がり・転移の予防

万が一ガンが生じた場合はそのガンの広がりを予防することも大事だ。もし、ガン細胞が生じたところにとどまって成長し続けるだけであれば、多くのものは外科的な手術で除去できるから、ほとんど致命的になることはない。しかし、多くのガン細胞は最終的には転移する。すなわち、個々のガン細胞はつなぎとめられている場所を離れて、細胞外マトリックス（コラーゲンやエラスチン、フィブロネクチンなどさまざまな物質からなる細胞外の構造）に侵入して体の他の場所へと広がっていき、そこで2次腫瘍の形成を開始する。

そのしくみに焦点を当てた治療法が開発されている。

７　ガン細胞が急速に増殖すると、ガン細胞は酸素や栄養を要求するから血管の供給が必要となる。そのためにガン細胞は血管の形成を促す物質を作り、周囲の組織に漏出させる。この過程を阻害する化学物質は血管新生阻害物質と呼ばれる。もし、血管新生阻害物質を利用できれば、ガンの増大を阻止できるかもしれない。マウスでは、アンギオスタチンとエンドスタチンという２つの血管新生阻害物質が腫瘍を退縮させた。

８　ガン細胞は細胞外マトリックスを破壊して原発のガン組織を離脱し、体の他の部位に浸潤する。ガンの転移を阻止できればガンの治癒率は飛躍的に向上するだろう。この過程にかかわる分子として、細胞とマトリックスの結合を切断する金属要求性のタンパク質分解酵素が知られている。また、細胞の移動を促進するのに必要とされるＧＴＰを供給して細胞移動を促進するＧＴＰ加水分解酵素などがある。こうした成分はガンの転移には必要だから、将来の対ガン治療の有望な標的となりえる。

ガンの治療方法は急スピードで進化している。あと10年くらいでガンは治療可能な病気になると期待されている。

第5章　心の病

歌手の沢田研二が往年のヒット曲「時の過ぎゆくままに」（作詞・阿久悠）で、「♪からだの傷ならなおせるけれど、心のいたではいやせはしない」と歌ったように、体の病気と心の病とはすこし違ったものとして受け取られる場合が多いようだ。

これまで述べてきたさまざまな体の病気には特定の原因がある。結核菌に感染すると結核になり、インフルエンザ・ウィルスに感染するとインフルエンザになる。血液凝固因子の遺伝子に変異があれば血友病が発症することがある。転んでけがをしたり、包丁で指を切ったりする場合もあるが、その原因もはっきりしている。体の病気やけがなどはその原因が一対一に対応する。ところが、一方の心の病気はその原因すらわかっていないことの方が多いのが現状だ。統合失調症、自閉症、うつ病なども原因がはっきりしないので治療も手探りの状態だ。

心は大脳で生まれるから、基本的には神経細胞のはたらきによると考えざるを得ない。大ざっぱに言って神経細胞の発達、神経細胞同士の連絡やはたらきに何らかの不都合が生じたのが心の病ということができるだろう。

■時代とともに変化する「正常と異常」

心の病を考えるときには何が正常で何が異常であるかが問題となるが、これは時代とともに変化する概念だ。たとえば、昔は同性愛は異常で、犯罪であるとすら考えられた歴史がある。イギリスでは1967年までは同性愛は犯罪であり法律で罰せられた。小説家のオスカー・ワイルドは19世紀末に同性愛がとがめられ投獄されている。新しいところでは、第二次世界大戦中に解読不可能と言われたナチス・ドイツの暗号機「エニグマ」の解読に成功し、戦争終結を早めたとされる天才数学者で、コンピューターの原理を開発したとされるアラン・チューリングも同性愛で有罪になった。投獄か化学的去勢を条件とした保護観察かの選択を迫られ、結局女性ホルモン注射を受け入れたが、2年後に自殺に追い込まれている。

しかし、近年は同性愛も異常ではなく多様な性のあり方の1つとして認められるようになってきた。LGBT（レズビアン、ゲイ、バイセクシュアル、トランスジェンダー）と総称される性的マイノリティーの人権も人格も守られる時代となってきた。このように、心の病の定義も時代とともに変化している。

統合失調症は、昔は「精神分裂」病と呼ばれていたが、現在ではこの差別的な用語は使われずに、統合失調症とよばれている。同じように「白痴」という用語も使用されなくなり、重度知的障害となり、痴呆症も認知症と呼ばれるようになった。このように用語も概念も時代によって変わってきている。

心の病にはさまざまな分類がある。統合失調症、うつ病、双極性障害といった気分障害、高所や閉所などへの不安障害（パニック障害）、性的機能障害や小児性愛、フェティシズムなどの性倒錯、薬物依存症、知的障害、パーソナリティー障害などさまざまな症状が知られている。

私は子どものころは高いところが大好きで屋根に上ったり、高い木に登って遊んでいたが、いつの間にか高所恐怖症の症状が出てきた。吊り橋や、足元が透明ガラスでできている高層ビルの渡り廊下、場合によってはゆっくりと動く大観覧車が恐ろしく乗れなくなった。高所に行ってもそこから落ちる危険は全くないと頭ではわかっていても、足がすくむのは事実で、理性ではなかなか制御できない心の動きがある。理性と感性がかい離しているのだ。

このように普通の生活にはそれほど困らない程度の軽度の「障害」から社会生活に困難が伴う重度の「障害」まで連続しているのが特徴で、どこまでが正常、どこからが異常という線引きができない。

■神経細胞の興奮伝達のしくみ

ヒトの意志と思考を作っているのはすべて脳の活動だ。非常に簡単に言えば神経細胞の信号のやり取りだ。まず、神経細胞がどのように信号をやり取りしているのかを簡単に説明する。

神経細胞は、神経細胞本体、樹状突起、そして軸索（アクソン）という3つの部分からできている。神経細胞本体が興奮すると、その興奮は電気信号として軸索を伝わり、次の神経細胞に信号が伝達される。

軸索の末端にはシナプスという特殊な構造がある。2つの隣り合った神経細胞同士はこのシナプスという構造で連絡し、そこを介して次の細胞へ信号が伝わる。シナプスにはシナプス小胞という小さな袋があり、それに神経伝達物質が含まれている。神経細胞が興奮すると軸索の先端からシナプス小胞が放出され、神経伝達物質が相手の神経細胞の膜に到達する。そこには神経伝達物質を受け取る「受容体」という装置があり、その受容体に神経伝達物質が結合すると次の神経細胞へと信号が伝わる。

神経伝達のしくみを単純に説明すればその通りだが、実際の脳の中で起こっていることはもっと複雑だ。軸索の先は指のような多数の突起となり次の神経細胞へ連絡している。1個の神経細胞に対して何種類もの神経からの突起が5000個〜1万個の単位で結合しているのだ。大脳には1000億個の神経細胞があり、その神経細胞1個1個が、1万個の指のような突起で連絡し合っているので、その情報伝達の複雑さはほぼ無限大になる。だから、大脳の活動の詳細を調べるというのは今の技術では大変難しいわけだ。

脳の神経細胞にはいろいろな種類があり、その神経細胞ごとに神経伝達物質が決まっている。代表的な神経伝達物質はアセチルコリン、ドーパミン、ノルアドレナリン、セロトニンなどだ。

アセチルコリンは、運動神経の末端から放出されて筋肉を収縮させる物質として有名だ。昔から矢毒として使われるトリカブトやヤドクガエルの毒、そして噛まれると命を落としかねないヘビ毒などは、アセチルコリンの放出を抑えたり、受容体との結合を阻害するなどの方法で筋肉収縮を抑制する。ドーパミンは、これが不足するとパーキンソン症になると言われ最近注目を集めている神経伝達物質だ。このように多数ある神経伝達物質の中で、記憶をつかさどる海馬《かいば》の神経細胞では、グルタミン酸というアミノ酸の一種が神経伝達物質として使用されている。

■高次神経活動は複雑系

ヒトの脳のはたらきは、個別には神経細胞の興奮と神経伝達物質、神経細胞間のネットワークで説明されるはずだが、その複雑さは現在の技術では分析できないほどだ。そうした非常に複雑な現象を解析するのが複雑系の科学というものだ。

たとえば、気象現象がその代表だ。気象は原因と結果が一対一の単純な因果関係では説明できない。夕焼けがきれいだから明日は晴天だ、という経験則は成り立つが、正確な天気予報は難しい。おおざっぱな天気予報は出されるが、たとえば局限された地域での豪雨の量や正確な範囲や降る時間を予想するのは今でも困難だ。台風の進路などもある範囲を想定して示すことはできても確実な進路は予報できない。

日本の気候に強く影響する偏西風の偏り、海水の表面温度が影響するというエルニーニョ現象など、すべての気象現象は温度、気圧、水分、地形など物理的な変数が関与しているが、あまりにも変数が多すぎで単純な方程式や多変量解析などの従来の方法では解析できない。スーパーコンピューターをフル動員しても台風の進路を正確に計算しつくせないほどだ。

複雑系というと、エドワード・ローレンツの「バタフライ効果」が有名だ。彼は「予測不可能性。ブラジルでの蝶の羽ばたきはテキサスでトルネードを引き起こすか」というかなり挑発的なタイトルの講演で一気に有名になった研究者だ。ブラジルでの蝶の羽ばたきというごく小さな動きが、その後連鎖して反応を引き起こし、最後にはテキサスのトルネードという大きな結果を生み出すこともありうることを指摘した。つまり初期条件のわずかな「ゆらぎ」が連鎖反応を引き起こす可能性を示した。

ヒトの脳のはたらきは気象現象よりもさらに複雑な神経活動によっている。脳内で起こっていることは神経細胞の情報のやり取りが基本だ。しかし、膨大な数の神経細胞間の連絡は時間によってつながったり切れたり柔軟に変化する。更に電気信号のやり取りだけではなく脳内物質という液性の因子が絡み合って感情を作り上げている。まして自由意思がどのように生まれるかはなかなか解析できない。

だから、心がどのように発達するかについては昔から多くの議論があり、今でも決着がついていない。たとえば、ヒトの悪意がどのように生じるか、どのように意欲が生まれるか、なぜ殺意が生じるかなどはわかっていない。

■「氏か育ちか」から「氏も育ちも」へ

心の病を考える前提として、ヒトの心がどのように形成されるかを生物学の観点から考えてみる。この議論は突きつめると「氏か育ちか」「遺伝子か環境・教育か」という問題につながる。日本でも古くから論じられているが、歴史的な経過から入っていこう。

心の形成や個性の発達にとって「生まれ」が大事だという考えがある。この考えは突きつめて言えば、もっている遺伝子がすべてを決めているという遺伝子決定論に行きつく。遺伝子つまり生まれ、「氏」が決定的に大事でヒトの能力や個性は１００％遺伝子で決まっているという主張につながる。

19世紀以降さまざまな議論があるが、たとえば簡単に言えば「天才の家系」があるという考えがある。天才は天才を生むことが多いので天才の家系が生まれ、それとは逆に知能の低い家系があり、そこで生まれる子は知能が低い、というわけでヒトの能力は遺伝するというものだ。非常に乱暴な議論だが、一時は多くの支持が集まっていた。今でも思想の根底に流れている考えで、遺伝子を調べることでヒトの能力や将来を占うことができると真面目に考える研究者もいる。こうした考えは、後で詳しく述べるが、「民族の優秀さ」も遺伝なので、優秀民族と劣等民族があり、劣等民族は地上からいなくなればよいというナチズムの民族虐殺にまで連なる主張だ。

それに対して、ヒトの個性とか能力は環境や教育で決まるという主張もある。生まれたときは白紙の状態で生まれて天才も鈍才もない、ヒトの能力や個性は生まれた後の経験や教育で決まるというものだ。「天才の家系」があると言っても、それは遺伝などを考えなくても説明できるという立場だ。天才の家系では家庭環境がしっかりしていて教育が十分になされているので、子どもが優秀に育つのは家庭環境によると言うこともできるわけだ。さらに天才は突然出現することもある。普通のもしくはあまり知的でない親から突然優秀な子が出て来ること、いわゆる「トビがタカを生む」こともあるので、遺伝子は重要ではないという主張も十分成り立つ。同様に、大変優秀な親から劣等生が生まれることもあり、個性や能力の発現は環境だ、育ちが大事だ、子どもの教育が極めて大事だという意見ももちろん成り立つ。

今では遺伝子か環境か、つまり自然因子（遺伝）か環境因子（教育）かという二者択一的な考えではなく、「氏も育ちも」どちらも大事だ、ということに落ち着いている。この問題はマット・リドレー著『やわらかな遺伝子』（早川書房、中村桂子・斉藤隆央訳、２０１４年）で詳しく論じられている。

■遺伝子決定論の系譜

遺伝子決定論の系譜を調べてみよう。それは19世紀のフランシス・ゴールトンの遺伝子決定論にまでさかのぼることができる。

フランシス・ゴールトンは日本ではあまり有名ではないが、個性の発達を考える上では避けて通ることができないほど重要な貢献をした人物だ。ゴールトンは進化論で有名なチャールズ・ダーウィンと同時代の人で、ダーウィンのいとこだ。祖父はダーウィンと共通でエラスムス・ダーウィンという有名な医者で博物学者だ。

ゴールトンの一番重要な貢献は、今でも利用されている指紋を見つけ犯罪捜査に利用されていることだろう。指紋は一人ひとり異なっており、さらに一生のあいだ変わらない。今では誰でも知っているこの現象を最初に見つけた。それ以外にも、気象学では高気圧という概念を作り上げた。今でも高気圧・低気圧は気象を説明する重要な概念だが、それを考え出したことでも有名だ。さらに双子には一卵性双生児と二卵性双生児があって、これを研究すれば、個性がどのようにして決まるかがわかると述べた。統計学の原理についても「回帰」という用語を作ったり、研究にアンケートという手法を最初に導入したりした人物で、非常に多才で優秀な学者だ。

彼は自分の研究に自信があり、非常に才能がある、いわば天才だと思ったのだろうが、そうした天才はどうして生まれるのだろうかを考えた。まわりを見渡すといとこに進化論を立ち上げた大天才チャールズ・ダーウィンがいる。その祖父はエラスムス・ダーウィンという天才的な大学者で、自分は祖父の血を引いているので、天才の家系というものがあることに気が付いたのだ。それで多くの天才の家系を調べて、「天才は遺伝する」という結論に達した。優秀な家系があるということは逆に言えば劣悪な家系もあるはずで、優秀な子孫を増やすためには、劣悪な遺伝子は淘汰すればよい、という優生思想にたどり着いた。この考えはナチスに引き継がれてユダヤ人の大虐殺へとつながり、精神病患者の断種にまで行きつくわけだ。

２０１６年の相模原市の障害者施設で起こった大量殺傷事件も、背景にはナチスと同じ狂気のような優生思想がある。役立たないものは殺してもよいという恐ろしいほどの優生思想だ。

こうした優生思想は今でもなくなっていない。たとえばW・ショックレーというアメリカの物理学者は、トランジスタの原理を見出してノーベル賞を受賞した学者だ。彼は当時アメリカで流行した精子バンクに自分の精子を提供して、「精子銀行に自分の精子を預けることは、天才を確保する最良の方法で、ＩＱの低いものは罰として断種させる」とまで述べている。こんなひどいことを真剣に考えている。まるでナチス・ドイツの論理だ。

もうひとり有名人をあげるとすれば、ＤＮＡの二重らせんモデルを見出したノーベル賞受賞者のジェームズ・ワトソンだ。彼は25歳でノーベル賞につながる大発見、20世紀最大の発見と言われるＤＮＡの二重らせんモデルを提唱した大天才だ。彼は「黒人は知的に劣る」と発言したために、イギリスの講演会がキャンセルされたほどだ。その後、自分の考えが誤りだったと反省の弁を述べているが、根が白人優越思想の持ち主だったのだろう。こうした優生思想や差別意識は多かれ少なかれ人間には残っているようだ。

個性の発達や性格の形成に遺伝子が重要だという考えは、個々人の遺伝子検査によってヒトの能力を調べる、可能性を調べるという風潮につながっている。

ヒトのゲノムプロジェクトが終了し、30億個と言われる全ゲノムの塩基配列が読み取られたのが2003年だ。当時はDNAの分析技術も進んでおらず、大勢の研究者が莫大な研究費と人的なパワーをつぎ込んで、30億塩基対という膨大な塩基配列の解読に成功したが、その後DNAの解析技術が飛躍的に向上し、一人ひとりのゲノムDNAの変異を比較的容易に解析することができるようになった。今では10万円程度で部分的な検査ができるようだ。

■行き過ぎた遺伝子決定論――遺伝子検査の功罪

図7　遺伝子検査

検査の分野	遺伝子	関係する項目	遺伝子型
学習能力	BDNF SNAP25	記憶力 認知能力	GG,AG,AA, GG,AG,AA,
身体能力	ACE ACTN3	耐久力 瞬発力	II,ID,DD, TT,CT,CC,
感性	COMT MAOA	注意力など ストレス耐性	AA,AG,GG プロモーターの長さ(注)

子どもの学習能力、身体能力、感性の3項目で、さまざまな遺伝子の変異を調べるサービスの一例。学習能力ではBDNFやSNAP25遺伝子、身体能力ではACEやACTN3遺伝子の1塩基多型を調べる。
(注) MAOA遺伝子では、1塩基多型ではなく、プロモーターの活性変異を調べる。日本バイオチップのホームページ (http://japan-biochip.com/より改変)

アメリカでは個人の遺伝子変異を網羅的に調べるサービス事業が多く立ち上げられていて人気をあつめているし、日本でも遺伝子検査サービスが始まった。たとえばある民間の遺伝子検査会社では、学習能力、身体能力、感性の3つの分野に関して複数の遺伝子の変異を検査している(図7)。第3章で遺伝子DNAの塩基配列にある一塩基多型(SNP、スニップ)について説明したが(図5)、そうしたSNPの中で意味のある特定の変異についての検査だ。

学習能力については、後で述べるBDNF遺伝子やSNA

Ｐ25遺伝子、身体能力では、ＡＣＴＮ３遺伝子やＡＣＥ遺伝子、感性についてはＣＯＭＴ遺伝子などのＤＮＡの塩基配列にあるＳＮＰを解析するのだ。

たとえば身体能力の検査項目のＡＣＴＮ３遺伝子とＡＣＥ遺伝子を考えてみよう。ＡＣＴＮ３遺伝子はアクチニン３という筋肉にある全長９０１個のアミノ酸からなる調節タンパク質を作る遺伝子だが、遺伝子ＤＮＡの１個の塩基が変異することで、正常なアクチニン３ができなくなる突然変異が知られている。遺伝子ＤＮＡの１塩基がＣからＴに変異することで、不完全なアクチニンになってしまう（詳しくは拙著『黒人はなぜ足が速いのか』新潮選書、２０１０年を参照）。その正常型をＣ、変異型をＴとすると、ヒトは両親から１つずつの遺伝子を引き継ぐので、遺伝子型はＣＣホモ、ＣＴヘテロ、ＴＴホモの３種類となる。その表現型は、

・ＣＣホモ接合のヒトは、正常なアクチニン３をもつので瞬発力に優れている
・ＴＴホモ接合のヒトは、正常なアクチニン３がないので瞬発力に欠ける
・ＣＴヘテロ接合のヒトは、正常なアクチニン３が半分なので中程度の瞬発力をしめす

とまとめることができる。

他方のＡＣＥ遺伝子は正式にはアンギオテンシン転換酵素（ＡＣＥ）というタンパク質を作る遺伝子だ。この遺伝子にも正常型Ｄと変異型Ｉがある。ＡＣＥ遺伝子に関する遺伝子型もＤＤホモ、ＤＩヘテロ、ＩＩホモの３種類できる。

その表現型は

・IIホモ接合のヒトは、持久力にすぐれている
・DDホモ接合のヒトは、持久力に欠ける
・IDヘテロ接合の人は、中程度の持久力をしめす

とまとめることができる。

こうしたいくつかの遺伝子の変異を調べることでそのヒトの身体能力や、そのヒトに向いたスポーツの種類を選択できるというので注目を集めている。

しかし、こうした遺伝子がどの程度ヒトの能力や性格を決めているかは、十分に解明されていない。運動能力については遺伝子の関与が極めて強く、遺伝子の変異を調べることにある程度意味があるかもしれないが、知能や性格を決めている要因があまりにも多すぎるので、少数の遺伝子の変異を調べて、そのヒトの能力や性格を占うことにどれだけの意味があるかはわからない。

ただし、病気になりやすい遺伝子の変異を調べて、個人ごとに適した医療・治療を受けるというテイラーメイド医療については大きな役割を果たすと思う。

知能や性格の検査としておこなわれている遺伝子検査の1つを見ておこう。

■脳由来神経栄養因子（BDNF）

脳由来神経栄養因子（BDNF）遺伝子の変異が知能や性格の形成に関係しているという報告があり、民間の遺伝子検査の項目に使われている。

この遺伝子は比較的小さな遺伝子で単純なタンパク質をコードしている。その遺伝子の塩基が1個だけ変異する突然変異（SNP）が知られている。この遺伝子の初めから196番目の塩基が普通はGなのに対してAに変異することがある。ここだけ違っていてあとは全部同じ配列だ。

この遺伝子が転写されタンパク質へと翻訳されるとき、Gをもっているとアミノ酸のバリンが入ったBDNFが生じるが、Aに変異するとメチオニンというアミノ酸が入ったBDNFが生じる。つまり、GGホモ、GAヘテロ、AAホモの3種類の遺伝子型があれば、その表現型は、両方のタンパク質にバリンが入っているバリン・バリンホモ、それぞれの親からバリンとメチオニンを引き継ぐヒト（バリン・メチオニンヘテロ）、両親からメチオニンを引き継ぐヒト（メチオニン・メチオニンホモ）という3パターンができる。

この脳由来神経栄養因子は神経細胞の繊維を延ばす作用があるが、こうした変異が学習能力や性格に影響を及ぼしていることを示すさまざまな研究がある。

代表的な研究を3つあげておく。1番目の報告は、BDNFタンパク質のアミノ酸がメチオニン・メチオニンホモのヒト、メチオニン・バリンヘテロのヒト、バリン・バリンホモのヒトの3群に分けて、論理記憶の成績を比べた実験だ。論理記憶というのは短期記憶の一種で、たとえば認知症のテストや脳に障害を受けたときに調べる検査でいくつかの単語をどの程度覚えているかをためす検査があるが、それに使われる概念だ。この検査ではバリン・バリンホモのヒトが好成績をあげた。逆にメチオニン・メチオニンタイプが成績が悪かったと報告されている。

別の実験結果も報告されている。やはりバリン・バリン、バリン・メチオニン、メチオニン・メチオニンの３群に分けて認知機能の処理速度を調べたものだ。この実験ではメチオニン・メチオニンタイプが成績が良く、バリン・バリンタイプが成績が悪いという。

さらに別の研究は両親からメチオニンを引き継いだ場合、つまりメチオニンをもった因子が２つあれば、性格としては普通の性格になりやすいが、片方がメチオニン、片方がバリンタイプのタンパク質だとＢＤＮＦのはたらきが少し悪くなり、その場合は少し神経症の傾向があるヒトになる、バリン・バリンタイプのタンパク質がそろってしまうと神経症がひどくなり、気がめいる、自意識が過剰になり心配性で傷つきやすい性格になるという報告もある。

このように研究結果がばらついているのでＢＤＮＦというたった１つの遺伝子変異でヒトの学習能力や性格を説明できるとはとても思えない。だから遺伝子レベルでヒトの高次な神経作用を誰にでも納得させるような形で説明するのは今でもまだ無理なようだ。

ヒトの性格は結構遺伝率が高いので何らかの遺伝子がはたらいているのは間違いないが、少数の遺伝子を検査することでヒトの能力を判断するという考え自体が「行き過ぎた遺伝子決定論」だと思う。

■環境決定論の生物学――人間は白紙で生まれる

一方、ヒトの個性や性格、能力などは教育環境などの外部の要因で決まるという考えも昔から主張されてきた。ひとことで言えば、ヒトは白紙の状態で生まれてきて、生育の過程でさまざまな影響が加わりヒトとして完成していく、つまり環境が大事だという考えだ。

環境決定論の生物学では、旧ソ連のルイセンコ学派が生物学の歴史に大きな影響を与えた。今では全く影響力はないが50年くらい前までは大きい影響力をもっていた学派だ。

ルイセンコ学派の最大の特徴はメンデル遺伝学を否定し、獲得形質が遺伝することをまじめに考えたことだ。今では獲得形質が遺伝するとは普通は考えられない。

小麦の品種に春まき小麦と秋まき小麦がある。ルイセンコは秋まき小麦にある処理（春化処理という）をすると、春まき小麦に変わることを見出した。秋まき小麦は冬に向かって育つのでどうしても生育に時間がかかりその結果収穫量が悪いが、春まき小麦は夏に向かって成長するので収穫量が多くなり、大変都合がよい。そこで秋まき小麦に春化処理をすると春まき小麦に変わることを見出して、食糧の増産に躍起だったソ連の中でだんだん頭角を現した。

環境を変えることによって生物を根本的に変化させることができるというルイセンコの考えは、スターリン下のソビエトで大変歓迎された。スターリンと結びついたルイセンコは、生物学や農学の分野だけではなく、小麦などの作物植物が環境によって変わるように、ヒトも環境つまり教育によって作り替えることができるとまで考えを広げた。この考えが、「一国社会主義」を守るために国民を総動員していくための思想的背景とされた。徹底した思想統制がしかれ反対派は粛清され、正当な遺伝学は大いに後退した。

環境決定論のもう1つの研究の流れは同じロシアの研究者、パブロフによる条件反射の研究だ。

パブロフはイヌのよだれがどのように出るか、その生理的なしくみを調べた。餌を見せるとどんなイヌでもよだれを出す。餌を食べるとよだれが出るのはイヌだけではなく、多くの哺乳類がもっている生得的な反応、正常な生理作用だ。何の条件を付けなくても餌を見せるだけで引き起こされる反射的な反応なので無条件反射という。

それに対してパブロフの実験では餌と同時にベルを鳴らす。それを繰り返すことによって、餌が無くてもよだれが出るようになるという実験をした。このベルの音はよだれとは全く関係のないはずの刺激だが、なぜか脳内で連合してよだれを出すという反射を誘導するわけだ。

何も訓練していないイヌにベルを聞かせても耳をそばだてるだけで何も起こらない。だからベルという刺激はもともとよだれの分泌にとっては意味のない刺激なはずだが、餌と同時に与えると意味のある刺激となるわけだ。ベルを聞いただけで、餌がなくともよだれを出すことになる。外から与えた刺激、つまり環境要因が行動や反射を引き起こすので、パブロフは生物の行動にとって環境が非常に大事だと主張するようになった。外部の刺激が生物を作るというので環境決定論の側に立つものだ。

パブロフの条件反射をさらに発展させて、新しく行動心理学という分野が打ち立てられた。動物の行動はすべて外部からの刺激で誘導できると考えた一派の登場だ。

一番有名なのはアメリカのB・F・スキナーだ。彼はネズミやハトを使って研究したが最も重要な貢献はスキナー箱を考案したことだ。ネズミの飼育装置にレバーを押せば餌が出るしくみをくっつけたのだ。ネズミは最初は何も知らないので、いろいろ動き回りそのうち全くの偶然でレバーを押して、その時に餌が出ることを発見するが、慣れてくるとレバーを自分の意志で押すようになり、餌という報酬を受け取ることを覚える。自発的にレバーを押すという行動をする、英語でいうとオペレートするというので、こうした学習方法をオペラント学習、オペラント条件付けと呼ぶようになった。

今でも動物を訓練するときには、必ず報酬（餌）を与えて動機づけする。たとえば水族館のイルカやトドなどが行ういろいろな芸がわかりやすい例だろう。多くの動物の芸はかなり厳しい訓練を繰り返して覚えさせる。テレビでも動物に芸を仕込む映像を見ることがあるが、そのときには成功すると必ず餌を与える、褒《ほ》めることを繰り返して覚えこませる。あれが報酬によって行動を導くオペラント条件付けというものだ。盲導犬の訓練も、警察犬の訓練もすべて報酬により動機づけする訓練だ。

この方法と考え方はその後の心理学や教育学、精神医学にも大きな影響を与えた。「褒めの子育て」という言葉があるが、子どもを育てるときにあれもダメこれもダメと言って禁止するより、うまくいったときに褒めることが基本だ、とよく言われる。まさにオペラント条件付けの方法だ。子育て以外にも、スポーツ選手の育成や、技能訓練や最近はやりのeラーニングやリハビリテーションの基礎にも使われている。

このスキナーのオペラント条件付けの特徴は、条件は生得的なものでなくてもよいという点だ。つまりもともと遺伝的にもっている性質でなくとも、外部からの刺激によって何でも誘導できるというところがポイントで、パブロフよりももっと強く環境決定論的な要素が強く出た考えになってきた。

スキナーの研究は主に動物実験が中心だったが、こうした考えを人間にまで広めた研究がある。

■行き過ぎた環境決定論――ワトソンの「恐怖条件付け」

これまで述べてきたパブロフやスキナーは動物の行動のしくみを研究してきたが、そのための研究材料はネズミ、イヌ、ハト、アヒルなどだ。問題はヒトの場合はどうか、ということだ。ヒトの人格や性格、個性が環境にどの程度影響されるかを実験的に研究するのはなかなか難しいが、それをあえておこなった研究がある。その代表がJ・B・ワトソンというアメリカ心理学会の会長を務めた有名な学者の研究だ。戦前から戦後にかけて大きな影響力をもった。いろいろな実験をおこなって理論を打ち立てたが、なかでも有名なのはヒトの赤ちゃんを使った条件付けの研究だ。

生後11か月の赤ちゃんを対象に「恐怖条件付け」という研究をおこなった。赤ちゃんだからいろいろなものに興味をもつが、その赤ちゃんに白いネズミを与える。赤ちゃんは何も知らないから、白いネズミを見ると触ろうとする。そこでネズミに触ろうとした時に、その背後で鋼鉄の棒をハンマーで叩いて大きな音をたてる実験だ。

それを繰り返すと、実験前の赤ちゃんはもともとネズミを怖がっていなかったのが、実験後はネズミを怖がるようになった。条件付けられたのだ。パブロフのイヌの実験と全く同じだ。ネズミを怖がるだけではなくウサギや毛皮のコートなど白ネズミに似た特徴をもつものにまで恐怖を抱くようになった。

今では赤ちゃんを使ったこんな実験は絶対に許されないが、戦前には許されたのだろう。こうした実験から、ヒトの抱く不安や恐怖も、多くはこれに類似した幼年期の経験に由来している、とワトソンは主張した。最後には「私に五体満足で健康な1ダースの赤ん坊と、彼らを育てる特別な環境を与えてほしい。そうすれば必ずランダムに選んだ1人を、何の専門家にでも仕立ててみせよう。祖先の才能や趣味、性向、能力、職業、人種に関係なく、医者にでも、弁護士にでも芸術家にでも、大商人にでも、そればかりか乞食や泥棒にでも成らせてみせる」とまで述べた。

有名なパブロフの条件付けの実験をヒトにまで拡大して、外から与えた刺激に応じてヒトの情動行動を引き起こすことができると主張したのが特徴だ。それを拡張して、ヒトのすべての能力は環境によって作られるとの主張はあきらかに行き過ぎた環境決定論だが、今でもこの影響が根強く強く残っている。

たとえば、同性愛は幼児環境によっている、自閉症も、幼児虐待も環境の果たす役割が大きいという考えが残っている。ここで自閉症の問題を考えてみよう。

■発達障害

一般に発達障害とはアスペルガー症候群を中心とする自閉症スペクトラム障害（ＡＳＤ）と注意欠如多動性障害（ＡＤＨＤ）、学習障害などを指していることが多い。自閉症スペクトラム障害は以前の診断で広汎性発達障害と呼ばれていた。

ＡＳＤの主要な症状は、「コミュニケーション、対人関係の維持に持続的な欠陥」と「限定された反復的な行動、興味、活動」とされる。つまり、対人関係がうまくいかず、強いこだわりの症状を示す（岩波明著『発達障害』、文春新書、２０１７年）。

一方のＡＤＨＤは「多動・衝動的」と「不注意」を主な症状とする疾患だ。学校教育の現場で、児童が授業に集中できず勝手に動き回り、教師を困らせるなどと報道されるので、子どもに特徴的な障害だと思われがちだが、必ずしも幼児・児童、生徒に発症するものではない。成人して就職した後に「不注意」でうまく仕事ができない、１つのことに集中することが苦手で興味が他に移りやすい、上司の言うことを正確に理解できない、周りになじめない、というので簡単に離職する症状として現れるケースも多い。発症率はＡＳＤよりもＡＤＨＤの方が高いという報告がある。

ＡＳＤの症状として特徴的なものが対人関係の障害で、自閉、閉じこもりの症状を示すことが多い。後で述べる統合失調症や、対人恐怖症などで見られる自閉・ひきこもりとは様子がことなるという。他の疾患による自閉は、不安や恐怖感が原因であることが多い。しかし、ＡＳＤの場合は他者の存在に対する関心が薄いため、他者からの孤立を招くことになる。

ＡＳＤやＡＤＨＤの症状に伴ってさまざまな特出した能力が認められることがある。一部の症例では天才的な能力を発揮するケースがある。たとえば、ダスティン・ホフマンとトム・クルーズが主演したアカデミー賞作品賞の映画『レインマン』（１９８８年、米国、バリー・レヴィンソン監督）のモデルとなった実在の米国人は、重度の知的障害をもっていたが、膨大な情報量を瞬時に記憶することが可能だったという。何千冊もの本を細部にいたるまで記憶するという常識では考えられないほどの異能を発揮した。

類似の話は数多く報告されている。ある患者は歴史に執着を示し、古代の歴史上の人物について、その誕生や生活ぶりや死の詳細について、あらゆることを詳細に述べることができたが、10歳程度の知能しかもっていなかったという。ある少年はオペラを観て帰ってくると、すべてのアリアを記憶していて全曲を口ずさんだりハミングしたりすることができたという（前掲『発達障害』）。人間の脳の活動は実に不思議で、まだまだ解明されていないことがわかる話だ。

多くの発達障害は生まれつきのものが多いようだ。成人になってから発症するものではない。長い間、自閉症などの原因は、親の養育の失敗、親の愛情不足などとみなされてきたが、現在ではこの考えは明確に否定されている。

遺伝的な要因が大きいとされるが、いまだ原因はわからない。

■サルの自閉症の遺伝子

2016年になって、心の問題も環境ではなくて遺伝子である程度とけるのではないか、という研究が出された。その発端はニホンザルで自閉症が見つかったことだ。

自然科学研究機構生理学研究所（愛知県岡崎市）ではニホンザルを使ったさまざまな研究を行っているが、そこで飼育されているニホンザルにどうしてもヒトになつかない、爪をよく噛むサルが見つかった。この自閉症様の症状を示すサルの研究が始まった。

ヒトの自閉スペクトラム症は自閉症やアスペルガー症候群などの発達障害の総称で、おしなべて言えば対人関係が苦手、特定の行動を繰り返すという特徴がある。その詳しい原因はわかっておらず、ヒトに近縁であるサルの症例を詳しく調べることで、発症メカニズムの解明につながると期待されるわけだ。

まず自閉症様のサルと普通のサルの2匹を使って、相手の行動を読み取る能力を調べた。普通のサルと対面で座らせ、交互に2色のボタンのうちの1つを押させる実験をした。2色のボタンのついたゲーム機の操作器のような装置で、「当たり」の色のボタンを押すと、2匹ともジュースがもらえるというルールを設定して、相手の行動を読み取る能力を調べる。相手がどちらを選ぶかを観察すれば、正解する確率が高まるようにしくんである。

実験の結果、普通のサルは相手の動きをいつも見つめ、相手が選んだ「当たり」のボタンを押すが、自閉症を示すサルは相手の動きを見ずに自分なりに選んでいた。さらに自分なりの判断に固執する。相手と同じボタンを押せば報酬がもらえるが、それをせずに柔軟に対応せず独りよがりだ。こうした結果からこのサルはいわば典型的な自閉スペクトラム症と考えることができた。

次にその動物の脳のはたらきを詳しく調べると、前頭葉の内側部という行動情報を処理する脳の部域の神経細胞に異常が見つかった。他者型細胞、ミラー細胞などと呼ばれる他者の行動情報を処理する神経細胞がほとんどなかったという。

最後に自閉症様のサルの遺伝子解析をした。その遺伝子解析では、ヒトの自閉スペクトラム症と関連するとされる2つの遺伝子、HTR2C遺伝子とABCA13遺伝子に変異があった。

この研究はヒトの自閉スペクトラム症に相当する精神障害が、自然状態の動物で発症することをヒト以外で初めて見つけたものだ。自閉スペクトラム症類似の行動特性のメカニズムを神経細胞レベルで初めて観察でき、その原因の候補遺伝子をみつけた。ヒトではこうした実験ができないので、この発見の意義は極めて大きいと言える。

遺伝子についてはこれまでの研究でヒトではたとえばMECP2という遺伝子がかかわっているという報告があったが、実験ができないから研究は進んでいなかった。サルにMECP2遺伝子を過剰発現させると、自閉症様になるという報告がある。このような研究から自閉スペクトラム症などの発達障害が遺伝子レベルで解き明かされるようになるだろう。

■神経症のサルの子育て

一方、心の発達に関して環境が強く影響することを示した有名な研究がある。まずアカゲザルを選抜交配して、極端に神経質な系統を確立した。こうしてつくられた神経質な系統のサルと通常のサルを用意して、これらのメスザルに子ザルを養育させて、その後の子ザルの成長を観察する。その子育ての組み合わせを工夫して交差実験をおこなった。つまり、極端に神経質な養母に普通の子ザルを育てさせる、逆に安定した養母に神経質な子を育てさせて、その後の発育を調べた。

実験結果は非常に明瞭だった。神経質な養母に育てられた普通の子ザルは、ストレスに弱く、社会生活を普通に送れないサルに成長し、性的に成熟し子を産んだ後でも子育てがうまくできない親になってしまった。

それに対して逆の組み合わせの精神的に安定した養母に育てられた子ザルは、遺伝的には神経質な子どもでも立派に育って社会的にも普通の生活を送れるようになった。これは非常に有名な研究で、その後の心理学や精神医学の教科書にも必ず載っている。結局、親の養育が大事だ、子育てが決定的な役割を果たすという論拠になった。環境重視のフロイト学派の基礎となっている。

今でも多くのフロイト学派の人たちはこれを信じているが、その後の研究は必ずしもそうではないということが次第に解明されてきた。２００2年にニュージーランドでおこなわれた時間のかかる大々的な研究がまとまり発表されたので、その内容を少し詳しく述べる。

１９７7年から78年に生まれた白人の子ども１０００人以上の追跡調査だ。調査された白人の子どもはすべて安定した白人家庭で生まれた子どもたちだ。家庭環境はさまざまだから、いろいろな子どもたちが育ってきた。その家庭環境とその後の子どもの成長がどのように関連するかを徹底的に調べた。

その中で、幼児期に深刻な虐待があった子どもたちが８％、虐待があったと思われるケースが28％あった。そうした子どもたちを追跡調査して、成人後どのような社会生活を送ったかを丁寧に調査した。

その結果、幼児期に虐待があった集団では、成人した後に反社会的行動をする率が有意に高かった。これはこれまでも言われたことで、日本でもそうしたことが確かめられている。環境を重視するフロイト学派に有利な結果で、先ほど述べたアカゲザルの研究ともよく一致する。だから遺伝子はそれほど重要ではなく、神経質な遺伝子をもっている子どもも、温かい親に育てられれば立派に育つ、つまり親の育て方が非常に重要だという従来の考えともよく一致するので、やはり子育てが重要だ、氏より育ちだ、というように受け取られる。

しかし、この研究の重要な点はこの後だ。研究グループはそれまでの常識にとらわれずに、もう一歩踏み込んで遺伝子とも関連づけて考えようと遺伝子の研究を始めた。その結果、じつに衝撃的なことがわかった。

■環境と遺伝子の相互作用

調べた遺伝子はモノアミンオキシダーゼという酵素の遺伝子だ。英語の頭文字を略してＭＡＯと呼んでいる。ＭＡＯは大事なはたらきをする酵素で、この遺伝子はどんな人間でももっている。

前述したようにさまざまな種類の神経伝達物質があるが、そのうちのセロトニンやドーパミン、アドレナリンという物質は1個のアミノ基をもっていてモノアミンと総称される。つまりモノアミンオキシダーゼ（ＭＡＯ）はセロトニンやドーパミンを代謝する酵素だ。

そのＭＡＯ遺伝子の上流にプロモーターと呼ばれるＤＮＡの塩基配列がある。プロモーターは第3章で説明したように遺伝子の発現を調節する領域で、プロモーターのはたらき方で遺伝子の発現量が決まる。ＭＡＯ遺伝子には良くはたらくプロモーター配列とあまりはたらかない配列があることがわかってきた。遺伝的に良くはたらくプロモーターがあるヒトは、モノアミンオキシダーゼがたくさんできて、あまりはたらかないプロモーターをもっているヒトは、モノアミンオキシダーゼがたくさんはできない。すべてのヒトはＭＡＯ遺伝子自体はもっているが、その遺伝子の近くにあるプロモーター領域の塩基配列がちょっとだけ違っていて、それがヒトの行動や性格に影響することがわかってきた。

そこで、幼児虐待を受けた子どものその後の成育とＭＡＯ遺伝子のプロモーターとの関係を調べた。その結果、高活性のプロモーターをもったグループは、幼児期に虐待を受けていてもほとんどその影響を受けなかった。統計的には、幼児虐待を受けた子どもは成長すると問題行動、反社会的な行動や犯罪を起こす率が高いが、全員が問題行動を起こすわけではなく一部の子どもが反社会的な行動をするようになる。調べてみると幼児虐待を受けた子どもの内で、低活性プロモーターを引き継いだ子どもに問題行動が多かった。レイプ、強盗、暴行事件を引き起こす率が４倍も高いという。それに対して高活性プロモーター配列をもった子どもたちは虐待の影響を受けないのだ。

要するに子どもが将来暴力的になったり、問題行動を多く引き起こすようになるには幼児期に虐待を受けただけでは不十分で、遺伝的にある酵素の活性の低い遺伝子をもっていなければならないということが証明された。逆に、活性の低い遺伝子をもつことだけでも不十分で、幼児期に虐待を受けるという環境がなければ、反社会的な行動は発現しない。その意味で遺伝子と環境は相互作用をすると言ってよいだろう。

ＭＡＯ遺伝子と将来の行動については次のような動物実験のデータがある。マウスでは遺伝子操作ができるので行動と遺伝子の関係が分析できるが、まずマウスでＭＡＯ遺伝子をノックアウトする。つまりこの遺伝子をはたらかなくすると、そうしたマウスは攻撃的な行動が出やすいと報告されている。この結果からもMAO遺伝子は攻撃性と関係している、性格と関係していることがわかる。さらにノックアウトマウスにMAO遺伝子を強制発現させると、まともな行動に戻ることも報告されている。

このような実験は数多くやられていて、モノアミンという神経伝達物質やほかの脳内物質の産生量、放出量と性格・個性が関係していることが次第にわかってきた。

このMAO遺伝子はX染色体に載っているのでその変異は男に発現しやすい。暴力行為に走る例は男に多いのも多分これと関係しているかもしれない。

こうした研究の結果、モノアミンオキシダーゼの阻害剤が開発された。それを投与するとモノアミンの分解が抑えられる。その結果うつ病が抑制されるので抗うつ剤として使用されている。また抗パーキンソン病の薬としても使われている。だから、神経伝達物質のモノアミンが精神作用と関連していることがよくわかる。

■統合失調症の原因

統合失調症は大変難しい精神疾患で、原因がよくわかっていない精神疾患だ。

統合失調症は主に青年期以降に発症する精神疾患で、多くの遺伝子や環境ストレスが関係していると考えられている。遺伝子が関係していることは統計学からも言える。一卵性双生児、二卵性双生児、兄弟、親子などの組み合わせで統合失調症の発症率を調べると、やはり統合失調症と遺伝要素が大いに関係していることがわかる。しかし遺伝子だけで説明することはできない。

統合失調症の原因については、さまざまな説が入り乱れているが、代表的なものは以下の5つだ。

①　遺伝子説

統合失調症の遺伝子があるという報告はたくさんある。DNAの二重らせんモデルでノーベル賞をとったJ・ワトソンも自分の息子が統合失調症だったので、それの解明のために自らの全ゲノム配列を公開したことは有名だ。しかし単一の遺伝子を見つけることには成功していない。非常にたくさんの遺伝子が原因遺伝子の候補となったが、これだという決定的なものは見つかっていない。だから、単一の統合失調症遺伝子というものは存在しない。遺伝子疾患の多くは、1つの遺伝子に変異が生じると病気になるというのがほとんどだ。第3章で述べた血友病、ハンチントン症、鎌形赤血球症、また赤緑色覚異常などは、1個の遺伝子が変異して正常なタンパク質ができないために病気になるが、統合失調症は遺伝率が高いと言っても、そうした単一の遺伝子によっては説明できない。いまでは多くの遺伝子が複雑に絡み合い、それに環境因子が作用して発症すると考えられている。

②　環境説

統合失調症の発症には環境が影響するという説だ。主にフロイト学派の考えで、親の育て方を含めて幼児期から青年期までの環境要因が大きいというもの。しかし、統合失調症が環境要因だけで発症するとは考えにくい。発症の引き金は環境やストレスによると考えている研究者でも、その背景に遺伝的要因があると考えていることが多い。

③　神経伝達物質異常説

神経細胞と神経細胞をつなぐシナプスの神経伝達物質の異常だという考えもある。たとえばドーパミンという神経伝達物質と関係しているのではないかと考える説だ。ドーパミンの分泌を促進するアンフェタミンを与えると病気が悪化する、それとは逆にクロルプロマジンというドーパミンを抑える薬を与えると症状が少しおさまる、と言われる。特にクロルプロマジンはよく効く薬だというので使われたが、与え続けるとパーキンソン病のような症状が出る副作用があるので今はあまり使われていないようだ。統合失調症の発症のしくみとしては脳の伝達物質が微妙に絡んでいると考えられる。

④　ウィルス説

ウィルス感染が原因だという研究もある。ヨーロッパでは夏に生まれたヒトより冬に生まれたヒトに統合失調症が多い、冬にはインフルエンザが流行る、という組み合わせから考えられた説だ。本当かと思うほどだが、今でも真剣にこれを主張している研究者がいる。

⑤　脳神経系発達説

脳の発達のしすぎだという考えだ。私はこの考えに惹かれているが、その内容はまだ十分にはわかっていない。脳の発達には非常に多くの遺伝子が関与していて、ヒトの発生の特定の時期に特定の遺伝子が次から次へとはたらくことで脳が作り上げられる。その脳の発達をうながす遺伝子が青年期以降にもはたらき続けたために発症するのではないかと考える。その意味では、統合失調症に関連した特別の遺伝子があるわけではなく、誰にでもある脳の発達に必要ないくつかの遺伝子が、普通はもうはたらかない時期になってもはたらき続けることで発症する可能性がある。

自閉症やアスペルガー症候群を含む自閉スペクトラム症は、いくつかの遺伝子の変異が原因で、脳の神経系の発達がうまくいかない症候群だと考えられるが、統合失調症はそれとは逆に、神経系が発達しすぎたために起こる障害ではないかと思っている。

第6章　老化のしくみ

誰でも経験することだが、年をとると体のいろいろな部分が衰える。年をとるとガンの危険性は増すし、皮膚にはしわがより、髪の毛が薄くなり、白髪となり、物理的な力も衰える。永遠の若さなどというものはない。

老人として生まれ、時の経過とともに若返っていく、という不思議な物語を描いた映画があった。人気俳優のブラッド・ピットとケイト・ブランシェットが主演した映画『ベンジャミン・バトン　数奇な人生』（2008年、米国、デヴィッド・フィンチャー監督）だ。現実にはありえない物語だが、老化を考える上では大変身につまされる。特殊メークアップを施されたケイト・ブランシェットの顔、特に死ぬ直前の年老いた顎《あご》やのど、節くれだって震える手の表情など、99歳で亡くなった私の母の最期の様子と重なってしまった。

老化に関しては、テロメア短縮説、すり切れ説（いわば酸化ストレス説）、突然変異蓄積仮説、早期老化遺伝子説、サーチュイン遺伝子仮説などたくさんの仮説があるが、まだすべてのヒトを納得させる理論はないようだ。

■老化と遺伝子

「カエルの子はカエル」、「ウリのツルにはナスビはならぬ」と言うことわざがある。英語でも「An onion will not produce a rose」（玉ねぎにはバラは咲かない）と言う表現がある。子どもは基本的に親に似るが、それとは逆に「トビがタカを産む」と言うことわざもある。平凡な親から親の能力を大きく上回る子が突然出て来ることだ。俗には「あれは突然変異だ」、と言う表現をすることもある。突然変異は体の中では頻繁に起こっている。それはＤＮＡの複製ミスが原因だ。

老化の原因はＤＮＡの突然変異の積み重ねによるという考えがある。

ヒトの細胞には30億塩基対という膨大なＤＮＡがあるが、細胞分裂のたびにこの30億塩基対すべてを複製する。10時間くらいで30億を複製するので、単純計算によれば1時間あたり3億個、つまり1分間に５００万個、1秒間に10万個の塩基を複製するから、どうしても間違いは起こる。平均すると10の7乗塩基対（１０００万塩基対）を複製するとどうしても1個はミスをするという。

しかし、細胞にはそれを修復する機能もあり、間違いがあればそれを直してできるだけ正しいＤＮＡを引き継ぐしくみがある。その修復をしても10億個に1個は間違ってしまう。どうしても突然変異は避けられない。

ＤＮＡはいろいろな原因で変異・変化するが、それらの変異が積み重なって動物は老化をし、寿命を迎えるという仮説が突然変異蓄積説だ。２万３０００個というさまざまな遺伝子が突然変異を起こすことで老化が進行し寿命が尽きるという考えだ。その遺伝子に特別な種類はなくどんな遺伝子でも確率的に変異が起きて、それが蓄積すると老化する、寿命を迎えるという説だ。

それに対して寿命に関連した遺伝子があるという考えもある。その遺伝子が変化すると老化し寿命を迎えるという早期老化遺伝子説だ。つまり、寿命そのものが特定の遺伝子に書き込まれているという考えだ。きちんとしたはたらきをもっている遺伝子が突然変異を起こすと老化が加速し、寿命が早まるという遺伝子が見つかっている。いわば遺伝子に時計のはたらきがあって、時を刻んでいるというものだ。

有名なものにウェルナー症候群がある。19世紀の初頭にドイツ人医師のウェルナーが報告したものだが、不思議なことに日本に比較的多い。現在世界中に１３００例の症例が報告されているが、そのうち８００例以上が日本人だという。この遺伝子病は、12歳くらいから成長が遅くなり、20歳になると白髪になり、声のしわがれなどが目立ち、30歳で白内障、二型糖尿病、動脈硬化、そしてガンを多発して、若くして死んでいく症状を示し、平均寿命は46歳だ。

この原因遺伝子はＤＮＡヘリカーゼというＤＮＡの二本鎖をほどくタンパク質の遺伝子だ。これが異常になればＤＮＡの修復もうまくいかず、さまざまな老化の症状を示すという。

さらにもっと激しい症例はプロジェリア症候群だ。正式な名前はやはり症例を報告した医者の名前をとってハンチントン・ギルフォート症と言うが、かなり厳しいヒトの早期老化症だ。プロジェリア症候群は、10代で著しい老化を示して、若くして死んでしまう遺伝性の病気で、10代で容貌が著しく老化する。その原因遺伝子は、細胞核をとりまく核膜を作っているラミンAというタンパク質の遺伝子だ。わずか1個の遺伝子が変異するだけで、急激に老化するというわけだから、早期老化遺伝子とよばれている。

■酸化ストレスと老化

次に遺伝子ではなく生理的な老化のしくみを考える。

酸素消費量と寿命が関係しているということで酸素に注目した研究が始まった。いろいろな動物の酸素取り込み量と寿命の関係を調べると、体重あたりの酸素消費量が多い動物ほど寿命が短いことがわかった。心臓の拍動数と寿命の関係もほとんど同じで、心拍数の多い動物ほど短命だ。小さな動物は酸素を大量に消費するので、その結果時間が速く流れ、その結果寿命が短いわけだが、その原因を考えてみる。

体重あたりの酸素消費量と動物の寿命は綺麗《きれい》に相関するが、相関関係があることと因果関係があることとは別問題だ。そこで実験的にこれを確かめてみようという研究が始まった。

最初におこなわれたのはショウジョウバエという実験用の小さなハエを１００％の酸素にさらすというものだ。空気中の酸素は約20％で、私たちはそういった環境で生きている。その酸素濃度を実験によって何時間ものあいだ１００％にする、そしてそのショウジョウバエがどの程度生きたか寿命を調べるわけだ。酸素がなければヒトも動物も呼吸ができず死んでしまうから、１００％の酸素は体に良いと思いがちだが、実際はそうではない。

１００％の酸素にさらす時間を０時間、24時間、72時間、そして１２０時間と長くするにしたがってハエの寿命は短くなった（図８）。濃度の高い酸素は動物にとって有害なのだ。ここで酸化ストレスという考えが出てきた。酸素は体に悪く、それが原因で寿命が短くなるというものだ。

図8　ショウジョウバエの酸化ストレスと寿命

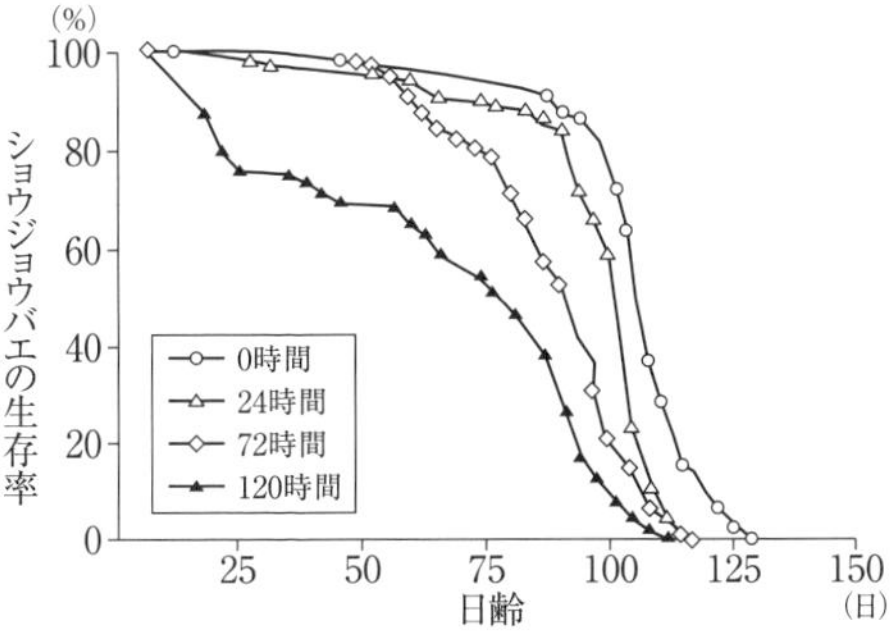

100%の酸素への暴露時間が長くなればなるほど、ショウジョウバエの寿命が短縮する。
（『老化はなぜ進むのか』近藤祥司著、講談社ブルーバックス、2009年）、図7-1を改変

これは誰がやっても、また他の動物を使っても同じような結果が出るので、高濃度の酸素が原因で寿命が短くなるのは間違いない。いわゆる因果関係が確かめられた。

ただし、ヒトの場合は実験ができないから、こうしたことが実際に起こっているかどうかは不明だ。動物実験はマウスやラットなどを使って厳密にやるのが普通だ。実験は誰がやっても同じ結果がでなければ意味がない。難しい言葉で言えば、実験の再現性という。実験ごとに結果がちがったり、別の研究者がやると結果がちがったりしたら、その実験はまったく信頼でき

ない。だから実験条件を厳密にする。実験室はほぼ滅菌状態で、餌も無菌のものを使用し、温度も湿度、照明なども一定の条件でやらなければならない。この一定の条件でやるというのが動物実験では大事なのだ。一方、ヒトは無菌状態では生きていないし、環境も栄養状態もまちまちだ。つまり、動物実験の結果は普通のヒトの生活を反映していないのだ。いくら無菌状態で寿命が短くなったとか長くなったと言っても、ある条件のもとでそうなったということを忘れるわけにはいかない。

ヒトの健康寿命はカロリー制限すると長くなる、食べ過ぎはさまざまな生活習慣病の基になりカロリー制限をした方がよい、糖質制限が寿命を延ばす、などさまざま言われているが、実はヒトの場合の実験はできないので簡単にはいかないのだ。普通はカロリー制限すると栄養状態が悪くなるから免疫能が低下する。しかし、無菌状態での実験では免疫系が低下しても病原体には感染しないから、マウスやラットなどの実験動物は長生きできる。

■酸化ストレスと抗酸化物質

酸化ストレスをもう少し詳しく考えよう。

ヒトも哺乳類も酸素呼吸をして生きているから、酸素が周りにたくさんなければ生きてはいけない。ところがその酸素はもともと有害物質なのだ。どうして酸素が有害物質なのか、それは酸素の一部が活性酸素に変化するからだ。そうして生じた活性酸素は化合物を傷つける、つまり細胞膜やタンパク質を変性させる原因だ。その他ＤＮＡを切断したり、さまざまな物質を破壊する作用があり、それが細胞の老化や細胞死の原因となる。

第７章で哺乳動物の寿命は体の大きさに相関するというデータを示す。簡単に言えばゾウのような大きい動物ほど長生きで、ネズミのような小さい動物は短命だ。そのしくみは、小さい動物ほど体重あたりの酸素消費量が多い、その結果酸化ストレスがかかるので早く死ぬということだろう。

つまり酸化ストレスによって細胞や細胞を構成するさまざまな物質が劣化し、すりきれてしまうのだ。時間がたつにしたがって細胞や物質が劣化する、最後には老化して死んでいくという説で、これはかなり古くからある考えだ。

もし活性酸素が体にとって不都合で、老化の主要な原因であれば、活性酸素を少なくすれば老化が抑えられることになる。そこで抗酸化物質というものを説明しなければならない。

第１章で、野生動物に比べてヒトの寿命が飛躍的に延びたのは尿酸による抗酸化作用のせいだと述べた。それと引き替えに痛風が生じたという「進化のトレード・オフ」の話をした。尿酸以外にもさまざまな抗酸化作用をもつ物質が知られているが、一番有名な抗酸化物質はアスコルビン酸（ビタミンＣ）だ。そのほかにも有名なポリフェノールなども抗酸化物質としてはたらいている。赤ワインに含まれるポリフェノールが体に良いとされて、一時期はポリフェノールがおおいにもてはやされた。このポリフェノールやビタミンＣと同じように痛風の原因となる尿酸も抗酸化作用のある物質としてはたらいている。

ところが、この酸化ストレス説だけでは、動物の寿命は説明できないことが次第にわかってきた。

■テロメア仮説

これまでの話は、動物の体の大きさによって寿命がきまっているようだ、その背景には酸素消費量が関係しているだろう、酸素は体に良くないので、つまり酸化ストレスによって老化が進行するという話だ。ところが、これまでの老化や寿命の研究の歴史を振り返ってみると、個体としての老化や寿命だけではなく、個体を構成する1個1個の細胞の老化や寿命の方が重要だ、という考えが出てきた。つまり細胞の老化が積み重なって個体が老化するという考えだ。

細胞の老化のしくみとして注目を集めているのが、これから述べるテロメア説だ。第4章のガン化の最後の場面にも登場したが、なかなか上手くできているしくみなのだ。ひとことで言えば、染色体DNAの末端にあるテロメアという特別な構造が、蚊取り線香のように端から燃えていって燃え尽きてしまう、それが細胞の寿命だという考えだ。

このテロメア説のもとになっているのはDNAは複製するたびに短くなるという事実だ。なぜ複製のたびに短くなるのかは大変難しいもので詳しい説明は省くが、原理的にDNAは複製するたびに短くなる運命にあることは、DNAの二重らせんモデルの提唱者であるジェームズ・ワトソンが最初から指摘しているＤＮＡ複製の宿命だ。

これを防ぐ方法がテロメアという構造で、ＤＮＡの複製によって短くなっても大丈夫なように余分な配列をあらかじめもっている。このテロメア部分には遺伝情報はまったく含まれていない。無意味な繰り返しの配列が何千塩基と連なっている。

「テロ」というのはギリシャ語で端という意味だから、まさに染色体の末端にあって染色体を保護しているものだということが実感できる。つまり染色体の末端にテロメアという特殊な構造があって、それが染色体が短くなっていくのを守っていると考えられている。

テロメアの構造はある特定の塩基配列が繰り返されている。ヒトの場合はＧＧＧＴＴＡという配列が約１万から２万個延々と繰り返されている。これが分裂ごとに減っていって約５０００個を超せば分裂できなくなるというしくみがある。これを見つけた研究者たちは２００９年のノーベル生理学・医学賞を取っている。

ＤＮＡの複製ごとにＤＮＡが減っていけば困るから、特定の細胞ではテロメラーゼという酵素がつくられて、テロメアを補充するしくみがある。テロメラーゼという酵素がテロメアを補充し、テロメアがどんどん延びていく。

高等動物の多くの細胞ではテロメラーゼがはたらかない。しかし、ある細胞だけはテロメラーゼがはたらくことがわかっている。それは生殖細胞と前述したガン細胞だ。つまり精子や卵子を作る生殖細胞ではテロメラーゼがはたらいて、テロメアを作り出している。ガン細胞では、テロメラーゼを阻害する因子を抑制してテロメアを作り出すので、無限に分裂する細胞になってしまう。

この例からわかるように、基本的には細胞の寿命を決めているのはテロメアだと考えることができる。染色体の末端にあるテロメアが細胞分裂ごとに減っていき、最後には分裂できなくなるという考えだ。

ところが、ヒトのテロメアは1万から2万回の繰り返し構造だが、マウスのテロメアは4万から6万回も繰り返しがある。マウスの方がテロメアが長い。もしテロメアが細胞の分裂回数を決めているなら、マウスの方が長寿命のはずだ。しかし、実際にはマウスは個体の寿命も細胞分裂の寿命もヒトよりはるかに短い。マウスの寿命はヒトの40分の1だ。このようにテロメアだけではうまく説明できない現象も知られていて、細胞の老化・寿命は一筋縄ではいかない。

進化の過程でマウスは多産・多死の戦略を採り、霊長類のヒトは少子・長寿命の戦略を採ったために、マウスの寿命は短く、ヒトは長寿命だという説明もある。

■細胞分裂の限界と幹細胞

動物の体を構成している細胞には大きく分けて2つのタイプがある。一方は普通の体を作っている細胞で体細胞と呼ぶ。他方は生殖細胞、つまり精子や卵子の細胞だ。

体細胞は2倍体（2n）の細胞だが、生殖細胞ができるときだけ減数分裂という特殊な細胞分裂が起こり1倍体（1n）の細胞ができる。この時に生殖細胞ではテロメラーゼがはたらいて、次世代が生じてくるわけだ。だから生殖細胞には寿命がない。

一方の体細胞つまり体を作っている細胞は、その個体が死ぬとそれかぎりで全部が死んでしまう。体細胞はその世代限りの細胞で、その個体が死ねば体細胞は全部死んでしまうが、こうした体細胞には基本的にはテロメラーゼが無いのでテロメアを補充できない。だから一定の細胞分裂を繰り返すとその後は分裂できなくなってしまう。

正常細胞を培養すると細胞分裂を繰り返して、細胞数を増やしていくが、大体50回くらい分裂すると、次第に分裂できなくなってしまう。このように正常細胞の分裂には限界があるが、その限界のことを発見者の名をとってヘイフリックの限界という。普通は大体50回くらい分裂するともう分裂できなくなる。だから、その意味では一代限りの細胞だ。しかし、生殖細胞つまり精子やら卵子の配偶子は次世代を作る細胞なので、世代を超えて生き残る細胞だ。この配偶子を作る減数分裂が細胞の若返りを果たす非常に大事な細胞分裂なのだ。

次世代を作り、死んでいくというのが生物学的にしくまれた運命だ。親の世代が死なないと子の世代は困るから、次世代をつくる生殖細胞には無限の命を与え、体を作る体細胞は一代限りで死ぬように生物学的にはきちんと、うまくできている。だから、不老長寿は原理的にありえない。

■クローンヒツジ・ドリーの老化

体細胞は有限の細胞だ、それに対して生殖細胞は無限の細胞という今の話を補強するデータがある。それがクローンヒツジ・ドリーの話だ。まず、クローンヒツジの作り方から。

念のために体色のちがう2種類のヒツジを用意する。一方は白いヒツジ、一方は顔の黒いヒツジを用意する。その白いヒツジの乳腺の細胞を取り出す。取り出すといっても実際は絞り出したヒツジのミルクには多くの乳腺細胞が入っているので、それをそのまま使う。メスヒツジの乳腺を切り取って細胞を無理やり取るわけではない。

同時に黒いヒツジの卵巣からは卵子を取り出す。次に、その卵子から核を吸い取り出して核のない卵子を作る。除核卵（核を取り除かれた卵子）という。こうして作られた核のない卵子に先に用意した乳腺細胞の核を挿入する。挿入するといっても卵子も乳腺の細胞も大変小さいのでなかなか難しいが、何とか技術的に工夫して卵子に乳腺細胞の核を移植する。実際には除核卵と乳腺細胞とを合体させるのだが、便宜上「核移植」という。

こうしてできた核移植卵を刺激して発生を開始させると、どんどん分裂が進んで初期胚になる。この段階でその初期胚を別のメスの子宮に戻してやる。上手くいけば移植された胚は発生して子どもが生まれる。

大事な点はいくつかあるが、1つは、生まれてくるヒツジは白いヒツジだったことだ。つまり、このヒツジは核を提供した白いヒツジの遺伝子を引き継いで、黒いヒツジの卵子は発生の土台をつくっただけなのだ。もう１点大事な点は、核を提供した白いヒツジの乳腺細胞はたくさんあるので、核はいくらでもあるということだ。あるヒツジの乳腺細胞はもともとはひとつの受精卵から生まれたものだから、すべて同じ遺伝子をもっている。だから、このような核移植実験を行えば、遺伝子が全く同じ個体をたくさん作ることができる。専門的にはクローンという。一卵性双生児と同じことだ。一卵性双生児は受精卵が２細胞になった時に偶然２つに分かれてしまう現象で、同じ遺伝子をもっている、つまりクローンなのだが、原理的にはそれと同じクローンを実験的に作ることができて、大きな話題となった。

生まれてきたドリーはメスだ。核移植に使用された核は白いヒツジの乳腺細胞由来だ。つまりメスの核だから、当然メスが生まれる。ドリーと名付けられたメスは無事大人まで成長して、性的にも成熟し、別のオスと掛け合わせて次の子どもが生まれた。その子はボニーと名付けられた。ここまで行くと、クローンヒツジは全く正常で、クローンは作ることができると証明された。万々歳と言っていい。ところが６歳になってこのドリーは重篤な病気にかかり安楽死させられた。ふつうヒツジの寿命は12～14歳くらいだが、その寿命をまっとうせずに若死にしたのだ。そこで寿命の問題がクローズアップされた。

一番の問題はなぜ若死にしたかだ。いろいろ議論されたが、結局この乳腺細胞の核が年をとっていたのだろうということになった。卵子は生殖細胞だから、卵子ができるときにテロメラーゼがはたらいて、染色体の末端にテロメアが付加されるので、卵子の核の染色体には長いテロメアがある。しかし乳腺細胞はテロメラーゼが発現していないから、どんどんテロメアが短縮しているはずだ。つまり、ある年齢になったメスヒツジの乳腺細胞の核はそれだけテロメアが減っている。その核を除核卵にいれて発生を開始したのだから、最初から年をとっており、寿命をまっとうする前に早死にしたと考えられる。この結果は非常に重要なものでテロメアが寿命に関係していることを示唆しているが、他の哺乳動物で作られたクローンは上手くいくという報告もあり、まだ決着はついていない。

■細胞の運命を巻き戻す

クローンヒツジの生物学的な意味は、いったん分化して乳腺細胞になった細胞の核でも、すべての細胞に分化できる能力をもっていることを示した点だ。

前にも述べたように、ヒトを含めた多細胞生物、高等動物の基本的な生存戦力は、卵子と精子という生殖細胞の不死化と体細胞の使い捨てという戦略だ。体を作る1個1個の細胞には分裂能力に限界があって、細胞の種類にもよるが50回くらい分裂すると後は分裂できない。いわゆるヘイフリックの限界だ。その代わりに、生殖細胞だけはドンドン分裂して生き残ることができる。だから体細胞は一代の細胞で個体の死とともに死んでいくが、その体の中に作られる卵子と精子という生殖細胞が次世代を引き継ぐしくみになってきた。生物学的には体細胞の不死化は原理的にはできないので、不老不死はない、夢の若返りはない、という論理になる。

ここでいろいろな細胞がもっている能力を整理・分類しておく。その細胞がどの程度分化能力をもっているかによって①全能性細胞、②多能性幹細胞、③組織幹細胞（体性幹細胞）、そして④単能細胞に分類する。

・全能性細胞――その代表は受精卵だ。受精卵からすべての細胞ができてくるから受精卵は全部の能力をもっている、つまり全能性をもっていることになる。

・多能性幹細胞――その代表がＥＳ細胞（胚性幹細胞）だ。もともと受精卵が分裂を始めた細胞の集まりを培養したものが始まりだ。受精卵が少し発生した胚（エンブリオ）から作られて、ほとんどどんな細胞にもなれる細胞だ。ただし、これを作るには出発材料が受精卵だから、ヒトでは入手が難しく倫理的な問題がある。そこで京都大学の山中伸弥教授が中心となって、人工的な多能性幹細胞がつくられた。ある種の遺伝子を導入することで、普通の細胞を多能性幹細胞にする技術ができた。これがｉＰＳ細胞だ。ヒフの細胞から作られて、ほぼ何にでもなれる人工的な細胞だ。後で述べるが、再生医療の切り札と期待されているものだ。

・組織幹細胞（体性幹細胞）――これは人工的に作られた細胞ではなく、もともとヒトを含めた動物の体の中にある細胞だ。すべての細胞にはなれないが、ある特定の細胞群を次から次へと作り出す細胞群だ。有名なものは、神経を作り出す神経性幹細胞、いろいろな血球を作り出す血液幹細胞、そしてヒフや小腸上皮などを作り出す上皮性幹細胞などだ。こうした細胞があ

図9　組織幹細胞のはたらき

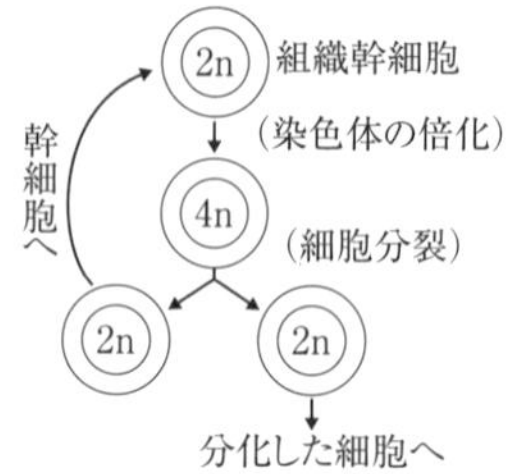

血液幹細胞や神経幹細胞などの組織幹細胞は細胞分裂で2個の娘細胞を生じるが、そのうちの1個は分化した細胞としてはたらいたあと死んでいく。もう一方は幹細胞として残り、次の分裂でまた娘細胞を作り出すことを繰り返す。

るので、ヒトを含めた動物は毎日血液細胞を作り、ヒフを補修し、けがをしたりしても再生して生きていくわけだ。そのもとになる幹細胞はほとんど限界がなく分裂ができる（図9）。

・単能細胞——単能、つまり1つのことしかできない細胞で、最終的に分化した多くの細胞だ。たとえば造血幹細胞から作られる赤血球は完成するとそれで終わりで、他の細胞になることなくそのまま死んでいく。

こうした細胞が何をやっているかをまとめてみる。まず全能性細胞は、受精卵がその代表だが、植物にはこの全能性細胞が体のいたるところにあると考えられる。たとえば植物は挿し木や挿し芽ができる。菊にしてもセントポーリアにしても、葉の一部を土に挿しておくと、それが大きくなって、幹になり花が咲き1個体を取り戻すことができる。葉のような体細胞から出発して花が咲き生殖細胞も作ることができるわけだから、つまり全能性細胞があるのだ。これが動物と植物の基本的な違いだ。下等動物のプラナリアは、どんどん切り刻んで小さくしても全体を再生できるので、この動物も全能性細胞をもっていると考えてよいだろう。しかし同じ再生能力をもつイモリなどは、手足を再生することはできるが、逆に手足から体全体を作ることができないので、こうした動物には全能性細胞はないと考えられる。イモリヤサンショウウオなどには、ほとんどどんな細胞にもなることができる多能性幹細胞があるのだろう。

ヒトの場合は、成体には全能性細胞も、多能性幹細胞もない。あるのは組織幹細胞だけだ。植物やプラナリアのような全能性細胞も、イモリのような多能性幹細胞もない。あるのは分化能力の限られたいろいろな組織幹細胞で、これを利用して生きている。

組織幹細胞は体の中にあって組織を再生させる。それが尽きてしまえば、組織を再生することができない。ある意味では組織幹細胞が寿命を決めていると言っていいかもしれない。

■iPS細胞の衝撃

私たちの体は約60兆個の細胞からなっているが、私たちが死亡すると体を構成している細胞は全部死んでしまう。その意味ではすべての細胞は死ぬ運命にある。ガン化した細胞は無制限に増え続け、人工培養したガン細胞は無限に生き続けるが、正常な細胞はすべて死ぬ。ところが細胞をガン化させずに、不死ともいうべき細胞を人為的に作ることに成功したのが、ノーベル賞を受賞した京都大学の山中伸弥教授だ。山中教授らが作り出したiPS細胞は、さまざまなところで解説されているが、人類の今後を考える上でもきわめて重要なので、その方法を簡単に解説しておく。

まずヒフの細胞を取り出し培養して、その細胞にOct3/4、Sox2、Klf4、c-

Mycという4種類の遺伝子を導入してiPS細胞を作り出すことに成功した。

ヒトの遺伝子の数は約2万3000個だ。ヒフの細胞はその2万3000個の遺伝子のうち、ある一部の特定の遺伝子だけがはたらいていて（発現しているという）、残りの大部分の遺伝子ははたらいていない（抑制されている）。そうした特定の遺伝子だけが発現しているヒフの細胞を、どんな細胞にもなりうる細胞（それがiPS細胞）に変化させるには、ヒフの細胞では抑制されている多くの遺伝子の抑制を外さなければならない。そうしたはたらきをする遺伝子を見つけることがiPS細胞確立に向けての最初の仕事だ。

膨大な数の遺伝子の中からめぼしい遺伝子を探し出すのは大変なことで、何百、何千とある候補遺伝子から、この4種の遺伝子を見つけたことが山中教授グループの成功のカギだったと言われている。さまざまな失敗の上に積み重ねられた創意工夫の研究の結果、ほかの研究室に先駆けて4種の遺伝子を見つけ出した。その遺伝子をヒフの細胞に導入することで、世界で初めてiPS細胞を作り出すことに成功した。このようにして造られたiPS細胞は、その後の処理により心臓、腎臓、筋肉、神経などさまざまな細胞に分化できることが確かめられている。

元来、高等動物の体を構成する種々の細胞に分化した細胞は、ほかの細胞になることはできない。どんな細胞にもなり得る能力は、初期胚（胚盤胞期）の一部である内部細胞塊や、そこから培養されたES細胞のみに見られる特殊能力だった。しかしiPS細胞の開発により、受精卵やES細胞を全く使用せずに分化多能細胞を単離培養することが可能となった。

山中教授がヒフの細胞から作りだしたｉＰＳ細胞は、次に説明するように生殖細胞にもなることが確認されているので、いわば「不死」の細胞と言ってよい。

■ｉＰＳ細胞から生殖細胞をつくる

精子や卵子などの配偶子のもとになる細胞は始原生殖細胞と呼ばれ、生殖腺の中に出現する。この始原生殖細胞は、名前に生殖細胞という字が入っているが原理的には体細胞だ。生殖腺の中で、始原生殖細胞がさまざまな段階を経て最終的に減数分裂をおこない、完成した配偶子（精子や卵子）が出来上がる。

もしｉＰＳ細胞から始原生殖細胞を作り出すことができれば、死ぬべき細胞である体細胞と不死の細胞である生殖細胞の壁の１つが乗り越えられることになる。

京都大学の斎藤通紀《みちのり》教授のグループは、マウスのｉＰＳ細胞から精子と卵子のもとになる始原生殖細胞を作り出した。さらに、作り出された始原生殖細胞をもとに精子と卵子を作り出すことにも成功している。その精子と卵子を授精させマウスのＥＳ細胞と混ぜて子宮に戻すときちんとしたマウスが生まれてきた。２０１６年には、マウスの体細胞から作られたｉＰＳ細胞から大量の卵細胞がつくられ、精子と受精させて借り腹のマウスにいれることにより、多くのクローンマウスを作ることにも成功している。

ひとことで言えば、体細胞から新個体を作り出したということなので、これは実に驚くべき新技術なのだ。別の表現をすれば、クローン・ニンジンの技術が、哺乳類でも可能になったとも言うべきことだ。生物学の新しい時代を切り開く画期的なことと言ってもよいだろう。

さらに慶応大学の岡野栄之《ひでゆき》教授グループは、ヒトのｉＰＳ細胞をもとに始原生殖細胞を作り出すことに成功している。しかしながら、現在では文部科学省の倫理規定によりヒトの精子・卵子を人工的に作り出し、それを授精させてヒトを作り出すことはできない。しかし、原理的に言えばマウスでできたことは、ヒトでもできるので、今や技術的にはヒトのｉＰＳ細胞から精子と卵子を作り出すことができる時代を迎えたのは間違いないだろう。

ｉＰＳ細胞から機能的な配偶子（精子と卵子）を作り出すことができれば、理論的には同性婚による子作りも可能になる。こうした事態が生まれれば、私たちが古くからもっていた性という概念が大きく変わらざるを得なくなる。

たとえば、男性同性愛（ホモ同士）の組み合わせで実子が欲しい場合、自分の体細胞からｉＰＳ細胞をつくり、それをもとに精子をつくる。同じようにして相手の細胞から卵子を作り、それを授精させれば同性同士の実子ができる。もっとも、現在では人工子宮がないので、こうして作られた受精卵はほかの女性の子宮を借りて（借り腹）妊娠させなければならない。すでに欧米では合法的に借り腹が実施されているので、技術的には可能な時代になるだろう。

こうしてできた子どもは遺伝的には同性同士の組み合わせだ。有性生殖が始まって以来、同性同士の生殖はあり得なかったが、ｉＰＳ細胞の出現でこうしたこともできるようになる。科学が進歩するに従い、人類は自然にない事柄を手に入れてきたが、同性同士の有性生殖は生物進化史上ありえなかったことを引き起こすことになり、まさに前代未聞の現象と言っても過言ではない。

男の体細胞の性染色体構成はXY型だ。その体細胞からiPS細胞を作り、それに手を加えて精子を作れば理論的にはX精子とY精子ができる。これは自然状態で作られる精子と同じだ。さらに男性の体細胞から卵細胞を作ったとすると、X卵子とY卵子ができることになる。自然状態では、Y卵子は原理的に生じえないタイプの卵子だ。はたして、男性の細胞から作られたY卵子とX精子の受精によって作られる「XY受精卵」は、正常に発生するのだろうか。染色体構成は、正常な男女の配偶子による受精（X卵子とY精子）によって作られるXY受精卵と同じだが、それがはたして正常に男性として発生するかどうかはわからない。

さらに、男性同性婚の実子よりも一層進んだケースも考えられる。それは自家受精の問題だ。1人の男性の体細胞から、精子と卵子を作り、それを授精させて、その受精卵を借り腹に移植すれば、理論的には子ができる。ヒトではありえなかった自家受精が可能になる。もしこれが可能になれば、生物進化の過程で出現した性の役割が根底から崩れることになる。

■「夢の若返り」はない——スタップ細胞の功罪

2014年、理化学研究所の小保方《おぼかた》晴子さんが作ったと言われる「どんな細胞にもなることができる」万能細胞（それがスタップ細胞）は、一世を風靡《ふうび》しマスコミに大々的に取り上げられた。しかし、いくら小保方さんが「スタップ細胞はあります！」と力説しても、発表論文の図の使いまわしや改ざん、捏造《ねつぞう》が明るみに出て疑惑が生じた。最終的には理化学研究所が総力を上げても実験は再現できず、スタップ細胞を作り出すことはできなかったので、現在ではほぼ捏造だったと思われる。

彼女は実験中に死んでいく培養細胞の蛍光を見たのだろうが、それがスタップ細胞だと言い続けた。多分他の研究で作られたＥＳ細胞を意図的に混ぜたのだろうと疑われているが、理化学研究所の副センター長で、あれほど小保方さんを持ち上げた笹井さんが亡くなってしまった今では真相は闇の中だ。

割烹着《かっぽうぎ》姿で実験したという彼女が「スタップ細胞はあります」と述べたとき、マスコミ・ジャーナリズムはいっせいに飛びつき、テレビでは連日の放送競争が続いた。いまでも彼女を支持する意見も潜在し、彼女が書いた本（『あの日』講談社、２０１６年）もベストセラーになった。やはり「不老不死」と夢の若返りを期待する気持ちが多くのヒトには心の底にあるのだろう。一番の問題は、この研究が「夢の若返りが可能だ」とか、「不老不死もできる」かのように大宣伝され、それが独り歩きした点だ。しかし生物学的には老化は自然現象で不老不死はあり得ない。個人によって早く衰えるヒト、遅くまで健康で若いヒトもいるが、生物学的に言えばすべてのヒトは老化し、死んでいく。

問題は2つある。第一は理化学研究所という日本を代表する研究機関の中で、どうして論文の捏造が行われたか、間違った論文が世に広まったかという点だ。その背景には過度な業績主義がある。ポスドクを中心とした若手研究者の多くは期限付きの職しか与えられず、じっくりと腰を据えた研究ができにくくなっている。そのため論文を量産して業績を上げなければ使い捨てにされる恐れが常にある。ここにメスを入れなければ論文捏造の温床はなくならないだろう。また、大学・研究機関の基礎研究費が減額され、一部の日の当たる分野にだけ競争的な資金がつぎ込まれるようになっており、競争の激しい分野での業績競争はますます激しくなっている。全体的な基礎研究費を充実させない限りこのままでは日本の科学技術のすそ野がどんどん狭くなり、ひいては世界の進歩から取り残されるという危惧が指摘されている。

第二は、こちらだけが強調され続けたが、スタップ細胞が本当にあるかどうかという議論だ。科学的には、「〜はある」という証明は簡単だが、「〜はない」ことを証明するのは極めて難しいので、なかなか言い難いが、世界中の研究者が追試しても成功していないし、理研が総力を挙げて追試をしたにもかかわらず再現できなかったので、今のところスタップ細胞は無いと結論してもよいだろう。

第7章　寿命の生物学

ヒトは「おぎゃー」と産まれてから、死ぬまでいろいろなことを経験する。最初は1人では何もできない弱い存在だから母親の世話になりながら次第に成長し、学校へ通い、仕事につき、恋愛をし、多くの場合は結婚し、子を育て、場合によっては病気になり、事故に遭い非業の死を迎える可能性もある。

寿命をまっとうできれば、大体120歳までは生きることができるという。多くのヒトは寿命をまっとうする以前に、病気や事故で亡くなる。病気にならず事故などに遭わなければ誰でも120歳まで生きられるというが、ではなぜ120歳が限界で、ヒトは140歳、200歳まで生きられないのだろうか。この章では寿命そのものを少し厳密に考える。

ヒトの寿命を考えるとき、先に述べた不老不死の問題がある。秦《しん》の始皇帝《しこうてい》が不老不死の妙薬を求めて部下の徐福《じょふく》を日本に送った話はあるが、当時は真剣に不老不死を願ったのだ。2014年に話題となった小保方晴子さんが「スタップ細胞はあります」だから「夢の若返りが可能」かもしれないと言ってマスコミをにぎわせたから、秦の始皇帝を笑うことはできない。

■ものごとには始めと終わりがある

万物には始めと終わりがある。つまり寿命がある。寿命と言えば、個体の寿命、細胞の寿命、種の寿命などいろいろな寿命がある。生物学の分野ではないが、すぐに思いつく一番長い寿命は、夜空に輝いている星の寿命だ。星にも始めがあり終わりがある。

星の一生について考えてみる。簡単に言えば宇宙空間のガスが集まって星ができる。その集まる量（質量）の大きさによって星の寿命が決まる。面白いことに小さい星ほど寿命が長い。たとえば太陽くらいの大きさの星では大体１００億年という寿命だ。もっと大きい星になると寿命は短くなり、太陽の10倍もある星の寿命は１０００万年で尽きてしまう。太陽くらいの大きさの星の場合は最後には赤色矮星《せきしょくわいせい》となり、爆発して白色矮星になってしまい寿命が尽きる。

後で詳しく述べるが、哺乳類の寿命は大体体の大きさによって決まっていて、ゾウやクジラのような巨大な生物は寿命が極めて長く１００年以上も生きる。しかし、ネズミのような小さい動物は短命で2、3年で死んでいく。哺乳類ではこのように大きさと寿命が正の相関（大きいほど長寿命）をするが、星では大きさと寿命は逆の相関（大きいほど短命）をするのだ。

太陽のような自分で光っている星（恒星）は今述べたように誕生し、最後には燃え尽きて大爆発で死んでいく。地球はこうした恒星を回っている惑星だ。恒星の寿命が尽きたら、惑星の寿命も当然終わってしまう。太陽の寿命は後40億年だから、地球の寿命も40億年以内ということだ。

人類があとどのくらい生き延びるかという議論があるが、とても40億年はもたないだろう。チンパンジーとの共通祖先から分かれたのが700万年前、猿人・原人・新人と進化してきたが、現生人（ホモ・サピエンス）となり農業を始めてから約1万年だ。人類の残りの時間がどのくらいあるかはわからないが、あと1万年くらいは生き続けたいものだ。いずれにせよ、星にも寿命があり、ヒトを含む動物の種にも寿命がある。物事には始めと終わりがあるということだろう。

■哺乳動物の寿命

地球上には非常にたくさんの生物が住んでいるが、その寿命はまちまちでとても一筋縄ではいかない。動物と植物とで事情が少し違うが、動物の寿命の方がはっきりしている。植物の寿命はなかなか難しく、一年草もあるし、二年草もあり、宿根草や多年草もあり、樹木になれば数百年、場合によっては数千年生き続ける大木もある。日本では縄文杉が有名で、2700年以上も前の木が残っているが、アメリカのメタセコイアとかノルウェーのスプルースという松も5000年、場合によっては1万年という長寿の木があるようだ。植物の寿命が長いのは、その理由は別の所にあるので、ここでは動物に限って寿命を考えることにする。

昔から日本では「ツルは千年、カメは万年」という言葉があり、両者はめでたい動物の代表とされているが、実際は千年も万年も生きることはない。動物で知られている最高寿命は、二枚貝の仲間でアイスランドで発見されたホンビノスガイというハマグリの仲間が507歳だ。ゾウガメの仲間も250歳くらいまで生きると言われている。ザリガニの一種で175歳というスローライフのものがいるという話はたくさんあるが、ここでは生物の中でも私たちの生活に密着した身近な動物である哺乳類の寿命を考えてみよう。

図10 哺乳類の寿命と体重

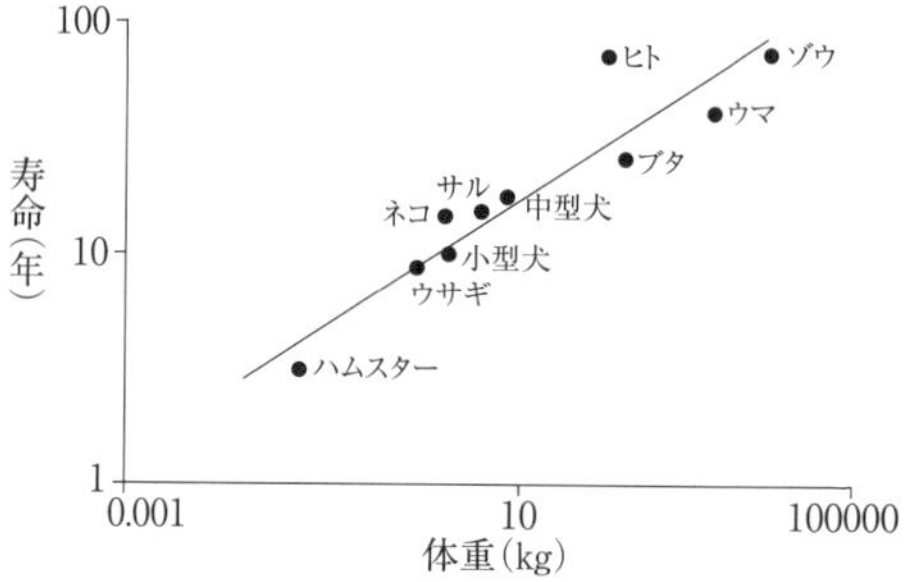

さまざまな哺乳類の寿命はその動物の体重と相関している。横軸（体重、kg）と縦軸（寿命）はそれぞれ対数目盛でとってある。大きな動物ほど寿命が長い傾向がある。多くの動物はほぼ回帰直線上に載るが、ヒトは大きく外れる。
http://naga0001at.webry.bioglobe.ne.jpより改変

図10はさまざまな哺乳類の寿命、つまりウマが何歳まで生きるか、ネコが何歳まで生きるかというデータを縦軸に、その動物の体重を横軸にとったものだ。これを見れば体の大きさに従って、寿命が長くなる傾向がすぐにわかる。ゾウは80年近くも生きるが、ハムスターは3年ほどで死んでしまう。つまり大型の動物は長生きで、小さな動物は短命だということがわかる。こうした関係は昔から経験的に知られてきたことだ。

その中でヒトはそのグラフから少しずれている。ヒトの体重を約60キログラムとすると大体40年くらいが最大寿命のはずだが、実際には120歳だ。だからヒトの寿命は例外的でこれは別に考えたほうがよいということになる。

この図は、多くの哺乳動物の最大寿命を調べてみると、哺乳動物の寿命はどうも体重や体の大きさと関係していることを示しているだけだ。こうした関係は相関関係という。相関しているだけで、なぜ体の大きさが寿命と関係しているかその原因と結果、因果関係はわからない。科学の分野ではこの因果関係が問題なのだ。

■体が大きいほど代謝率が低い

これまで述べたように体が大きい方が長生きだという関係があるが、それだけでは自然科学とはいえない。その原因というか理由を考えてみるのが科学的な考えというものだ。「あいつはどうも理屈っぽくて良くない」などと言う表現があるが、科学とはもともとそういうもので、何故そうなるのか、原因と結果、因果関係にこだわる。だから体が大きいと長生きだというそもそもの理由、なぜ大きいほうが長生きなのか考えてみる。

寿命と体重の関係に目を付けたのが、ノルウェー出身の動物生理学者シュッミット・ニールセンだ。主にアメリカの大学で研究を続けた人だが、『動物生理学』という大著を出している。多くの研究をしたが、そのうちの代表的なものは動物の体重あたりの代謝速度、酸素使用量を詳しく調べたものだ。その中から代謝速度と生理的時間という考えが出てきた。

前から知られているように小さい個体ほど心臓の鼓動が速く、大きい動物ほど心拍数は少ないので、そうしたデータを徹底的に調べてみた。たとえば、世界一小さい哺乳類はトガリネズミの仲間だが、その中でも小さいチビトガリネズミは体重約２グラムで、心拍数は毎分１０００回だ。トガリネズミというように「ネズミ」という名前がついているが、本当のネズミではなくある種のモグラの仲間だ。

それに対してヒトの体重は約60キログラムで、心拍数は1分間に約60〜70回、ゾウの場合は体重3トン、心拍数は毎分20回、こういう数字を丹念に調べて体重と代謝速度を調べた。その結果、動物の酸素消費量と体重は見事に直線関係があることがわかった。

こういった代謝量と体重との関係を詳しく分析すると、体重が重くなるにつれ、だいたい体重の4分の1（0・25）乗に反比例して代謝速度が遅くなっている。動物の酸素消費量は体重が大きくなるにしたがって少なくなる、小さいほど酸素消費量が高いことを示している。別の言い方をすると、体のサイズの大きい動物ほど、呼吸数も心拍数もゆっくりになっていく。

これを相対的な生理時間という概念で考えれば、動物の体が大きくなるとその時間が長くなるということだ。大ざっぱに言えば、動物の時間は体重に比例すると考えてもいいわけだ。だから、寿命も体重に比例して長くなる、と言えるのだろうとシュミット・ニールセンは考えた。

『ゾウの時間　ネズミの時間』（本川達雄著、中公新書、１９９２年）という本がある。非常に有名な本で今でもたくさん読まれているが、基本的にはシュミット・ニールセンの研究が始まりで、その研究を本川達雄さんが非常にうまく紹介した本だ。大変面白く説得力のある本だが、基本的な点を紹介しておこう。

ひとことで言えば、生理的時間は体重の０・25乗に比例するというものだ。たとえば体重が2

倍になると、時間は少しゆっくり流れて1・2倍になる。体重がもう少し違って10倍になると、時間はもう少し速く流れて1・8倍になる。さらに体重が10万倍になると、時間は18倍になるという関係が成り立つという。

たとえば、30gのハツカネズミと3トンのゾウでは体重が10万倍違うから、ゾウはネズミに比べ時間が18倍ゆっくり流れるということになる。

いずれにしても、ネズミにはネズミの、ゾウにはゾウの時間が流れていると言っていいだろう。現代の人間社会では、時間を1秒とか1分、1時間、1日、1週間、1か月、1年……というように、物理的な単位を基準に考えるが、これとは別に生物学的な時間がある。私たちは物理的な時間だけが絶対だというように思い込んでいるところがあるが、それは人間だけの決めごとであって、他の動物にはそれぞれ独自の「時計」があるというわけだ。

■トウキョウトガリネズミ

世界で一番小さい哺乳動物、それはトウキョウトガリネズミという名前のトガリネズミで、体重が1・5〜1・8グラム程度だ。1・5グラムというのは1円硬貨が正確に1グラムだから、いかに小さいか、軽いかがわかる。もうひとこと言えば5円硬貨は3・75グラムだから、トウキョウトガリネズミ2匹分だ。

なぜ5円玉が3・75グラムかを調べたら、なんと1匁《もんめ》の重さなのだ。私たちが子どものころは尺貫法と言って、重さも長さも昔のシステムを使っていて、お肉100匁くださいとか、上背が6尺の大男とか、体重20貫もある巨漢とか、時として〝百貫デブ〟などと言う差別表現をしたのだが、5円玉はその1匁の重さにしたようだ。

それはともかく、このトウキョウトガリネズミは北海道の固有種だ。北海道にしか住んでいないのだが、なぜかトウキョウトガリネズミという名前になってしまった。

動物の名前は最初に発見した研究者が名前を付けるのが普通だ。このトガリネズミはイギリス人研究者が北海道で見つけた。その地名にちなんだ名前を付けようということで、ここは北海道だ、北海道はもともとエゾと言っていたのを聞いたのだろう。それを聞き違えてエゾをエドと書き違えたのだ。それを和名にしたときに江戸はトウキョウだからトウキョウトガリネズミとなってしまったという話がある。いったんついてしまったら和名を変えるのは大変難しいので、北海道にしか住んでいないトガリネズミもトウキョウトガリネズミになってしまったというわけだ。大変面白い話なので、気に入っている。北海道には世界で一番小さい哺乳類がいる、1円玉2個より軽い、それがトウキョウトガリネズミだ。

■ハダカデバネズミの長寿命

動物の寿命を考える上で大変面白い動物が見つかった。ハダカデバネズミだ。その特徴は大きくいって3つある。

その1つは、ハダカデバネズミにはガンがないということだ。普通の野生動物はガンになる。率はヒトほど多くはないがイヌもネコもサルもガンにかかる。しかし、不思議なことにハダカデバネズミはガンにならないので注目を集めている。

もう1つの特徴は、げっ歯類の仲間では異例とも言える長寿命だ。普通のげっ歯類、ネズミの仲間は3歳くらいが寿命だが、このデバネズミは長寿で28〜30歳まで生きる哺乳類だ。

3つ目は、この動物はミツバチやアリのように完全な社会生活を営むという点だ。集団には1匹の女王メスがいて、それがもっぱら子どもを産む。他のメスは不妊で子どもを産むことはできない。まるでミツバチの女王蜂のような存在だ。哺乳類でこのような真性社会性を示す動物はほとんど知られていない。

このハダカデバネズミは、完全地中棲で押し合いへし合いして平均80頭くらいで生活しているが、モグラのように地中生活だからほとんど目が見えない。視覚に頼らない生活をしている。群れの中で1つのペアのみが繁殖を行う。生殖するメスは1匹だけで、生殖できるオスもほんのわずかだ。群れの中でもっとも優位にある1頭のメス（「女王」）と、1頭または数頭のオスのみが繁殖に参加するようだ。それ以外の群れの多くを占める個体は繁殖が許されないいわゆる非繁殖個体で、彼らはいろいろな仕事を分業している。

その長寿の理由はまだ十分に解明されていない。いくつか議論されているが、1つにはこの動物が完全な恒温動物ではなく、哺乳類には珍しく変温動物に近いしくみをもっていることだ。普通の哺乳類は体温を一定に保つために多くのエネルギーを使うが、ハダカデバネズミは周りの気温に合わせて生活するので、体温保持のための基礎的なエネルギー消費が少ないという。無駄なエネルギーを使わないので長生きできるのではないかと考えられている。さらに生活環境が厳しい時、たとえば温度が高くなりすぎる、餌が十分に採れないなどの事態になると、代謝を低下させるしくみがあるようだ。それによって酸素消費を減らして、それが活性酸化による損傷、つまり酸化ストレスを防いでいると考えられる。

まだ十分な研究は進んでいないが、その驚異的な長寿ゆえハダカデバネズミのゲノム解析に努力が払われている。今後研究が進めば、ガンに罹らないしくみも解明され、他の動物よりも長生きのしくみもわかるかもしれない。ただ、そうした研究がいくら進んでも、ヒトの寿命が200年、300年になるとは考えられない。

このハダカデバネズミの存在は、動物の寿命という問題が、一筋縄ではいかないことを示している。

■日本人の県別寿命の時代変化

日本人の平均寿命を時代別に調べてみると、縄文時代は大体15歳から30歳、戦国時代で30歳から40歳、明治時代でも40歳から50歳程度だったと言われている。しかし、縄文時代でも全員が15歳から30歳で死んだわけではない。平均すればこのような数字になるが、個別に見れば多くのヒトは60歳くらいまでは生きていたらしい。縄文時代は幼児死亡率が圧倒的に高いために平均すると15歳から30歳という数字になってしまう。

縄文時代の遺跡からさまざまな土板（粘土を固めて焼いたもの）が出土している。その中でも子どもの足形を粘土の板に押し付けて、それを焼いて陶器にしたものが注目を集めている。それは赤ちゃんが約1歳になって立つまで無事成長したお祝いのためだろうと言われている。つまり「立ち祝の儀式」があったのではないか、と考えられている。今でも初誕生日に一升餅をついて背負わせて歩かせるという風習が各地にみられるし、その餅に赤ちゃんの足形をつけるという伝統が残っている土地もあるから、縄文人の風習の名残だとも言える。縄文人にとって赤ちゃんがとりあえず立つまで成長するということは大変だったのだろう。

ここで現代日本人の平均寿命を県別に調べてみよう。昔から沖縄の寿命が非常に長いというのは有名だ。海洋に浮かぶ島国でのんびりしているせいか、温暖な気候が良いのか、黒糖と黒豚の食事がいいとかいろいろなことが言われたが、沖縄は平均寿命が日本一長かった。ところが、最近になって沖縄のランクがどんどん下がってきた。１９８５年以前は長寿県の1位だったが、１９９５年には4位、そして２０００年、２００５年には25位と時代とともに寿命順位が下がっている。その代わり長野県が1位となっている。

長野県はピンピンコロリの実践県で、県を挙げて老人病対策を実施してきたところでその成果が表れているのだろう。

それはともかくとして、では沖縄がなぜ凋落《ちょうらく》したのか。その理由は近年の食事や生活様式の欧米化だろうと言われている。昔からの伝統的な生活をしていた時は長寿命の県だったが、戦後米国に占領され、1972年の本土復帰後もアメリカの生活様式が次第に広がっていったことが最大の原因だろうと考えられている。つまり洋風というかアメリカ文化の肉食・脂肪分の多い食事が広まり、さらには伝統的な生活様式がなくなっていったからではないかというのだ。これを実証するデータがある。

それは年代別の平均余命を調べて県別に比較したものだ。実は沖縄の60歳代、70歳代の平均余命は今でも日本一長いのだ。ところが若いヒトたちの平均余命はどんどん下がって、40歳では全国20位、0歳や20代では25位、26位と平均以下の寿命になっている。

つまり沖縄の年寄りは比較的昔からの生活を送っているために長生きだが、若いヒトは特に欧米化の波に呑み込まれて、どんどん平均余命が下がってきたのではないかと考えられる。いわゆるジャンクフードと呼ばれる、カロリーの高いスナック菓子や、フライドチキン、ハンバーガーなどのカロリーの高い食品がどっと流れ込んで、和風の食事が忘れ去られているので、これは恐ろしいことだ。このデータは非常に説得力がある。どうやら、食生活もヒトの寿命の大きな要因だということがわかる。

■カロリー制限の動物実験

今や、肥満は万病のもとである、だから生活習慣病、糖尿病や高血圧、心臓病にはカロリー制限が大事だと大宣伝されている。糖質制限による健康維持が巷間《こうかん》をにぎわしているから、興味をもつヒトも多いだろう。

カロリー制限をすると寿命が延びるというのは、もともとヒトの話ではなく動物実験が始まりだ。

図11　マウスのカロリー制限による寿命の延長

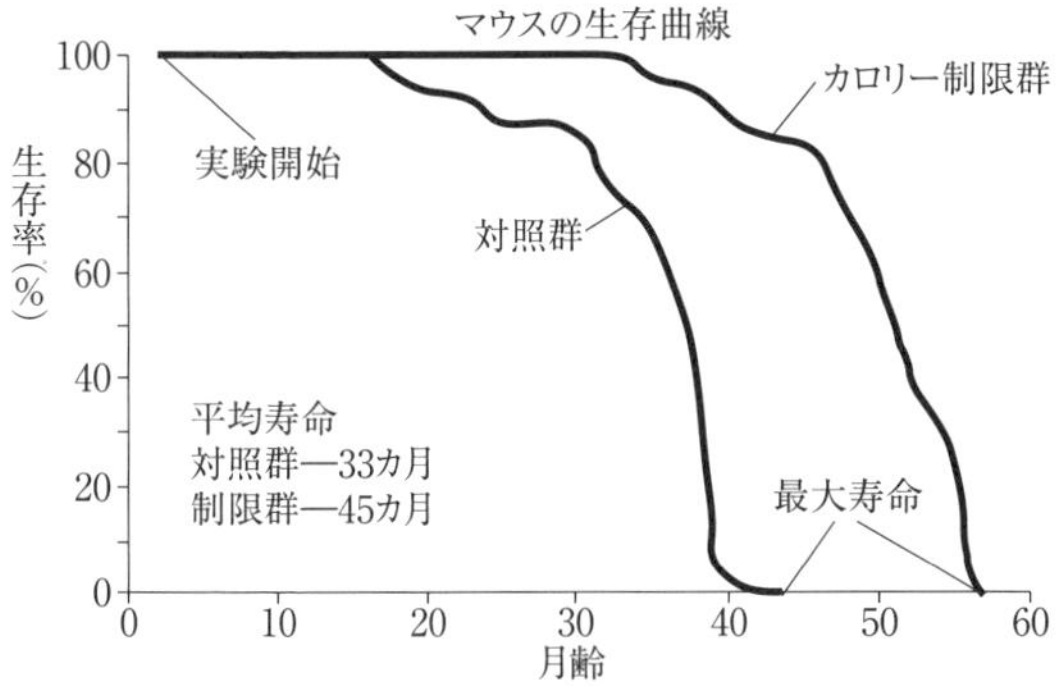

対象群に比べてカロリーを70%に制限した実験群は対象群に比べて約30%の寿命が延びた。（『ヒトは一二〇歳まで生きられる』杉本正信著、ちくま新書、2012年、図7を改変）

オス・メスのマウスを使って、正常なカロリーを与えたものと、70%にカロリー制限した動物のその後の生存率を調べてみた（図11）。結果は非常に明瞭で、通常の餌を与えたものではオスもメスも600日くらいで半分が死亡、長いものでも約1000日で死んでしまう。

それに対して70%に食事制限をしたマウスは、半数が死ぬのが900日以上、最長は1200日を超えている。平均すると30%近くの寿命の延長がみられた。つまり、マウスでは満腹にするより腹八分が寿命にはよいということがはっきりした。

こうした実験はヒトではできないのでなかなか判断

が難しく、そのままヒトにあてはめることはできない。そこでできるだけヒトに近い動物をということで、次善の策としてサルを使って実験をやった。マウスは寿命も短く3年くらい実験を続ければ結果が出るが、サルはヒトに近い動物だし、寿命も比較的長い。この研究は30年以上もかかる大変な実験でまだ最終的な結果が出ていないが、やはりカロリー制限は寿命を長くするようだ。

通常のサルは年と共に死ぬ数が増えていて、30歳を過ぎると約半分が死亡する。ところが食事を70％に減らしたカロリー制限のグループは明らかに寿命が延びる。30歳を過ぎても80％以上のサルが生き残っている。マウスと同様にサルでもカロリー制限が寿命を延ばすのは間違いないことだ。なぜこのような不思議なことが起こるのだろうか。そのしくみを考えてみよう。

カロリー制限が動物の寿命を長くするということは、実は生殖との関係で言えばありうることだ。一般に栄養が不十分になると、体がある種の休眠状態になり、栄養が取れるまで生殖活動を停止するしくみがはたらく。活動を低下させるとエネルギー消費が少なくなり、その分だけ長生きになる。進化的にそのようにしくまれている。

「進化的にしくまれている」ということは非常に重要だ。生物は環境に適応して生殖するように進化してきた。もし栄養が悪い状態で生殖すると子育ても失敗するので、生殖しても意味がない。栄養状態が改善するまで体を眠らせる、生理活性を低くしてその代わり長く生きるというしくみを作り上げた。

マウスやサルなどの哺乳類や高等動物では、カロリー制限によってエネルギー代謝が抑制され、活性酸素の産生が抑制されるので、その結果老化が遅れるというのが一般的な説明だ。

さて、カロリー制限が動物の寿命を長くするという研究がさまざまおこなわれ、その結果大変面白い遺伝子が見つかった。サーチュイン遺伝子だ。あまりなじみの少ない遺伝子だが、大変面白い遺伝子だ。

■サーチュイン遺伝子の発見

サーチュイン遺伝子は最初、酵母で見つかった。その後、線虫、ショウジョウバエなど多くの実験動物で見つかった。少し専門的になるが、寿命の問題を考える上でとても大事な遺伝子なので、詳しく説明しよう。

酵母は、パンやビールなどの発酵に使われており、私たちの生活にも密着した生物だ。2016年にノーベル医学・生理学賞を受賞した東工大名誉教授の大隅さんの研究材料としても有名になった。酵母は単細胞の生物で、出芽という細胞分裂で増えるが、母細胞は出芽のたびに老化していく。単細胞だが大腸菌のような原核細胞ではなく、ヒトと同じ真核生物だ。だから遺伝子DNAも大腸菌のようなリング状（環状DNA）ではなく、直鎖状のDNAだ。

酵母の細胞は非常に早く分裂するし、老化現象がはっきりしているから昔から老化の研究によく使われてきた。母細胞は約2週間で20回分裂すると、細胞が大きく肥大してしわも出来て、一見して分かるように老化し、分裂できなくなる。

そうした研究の中で２０００年になってある1つの遺伝子が老化や寿命に関係していることが報告された。それがサーチュイン遺伝子だ。この遺伝子が発現すると寿命が延びるということで大いに注目を集めた。

これが発見されたときは研究者の多くはびっくりしたものだ。なぜなら、２０００年当時は、第6章で説明したテロメア説が中心で、ヒトも含めて細胞や個体の老化はテロメアが決めていると考えられていた。細胞分裂のたびにテロメアが減っていき、最後には細胞が分裂できなくなって、老化して寿命を迎えると考えられていた。そうした常識の中でテロメアではなく別の遺伝子で寿命や老化が説明できるというのだ。このサーチュイン遺伝子が老化遺伝子・寿命遺伝子の本命とされ、急激にブームが巻き起こった。

その研究は2つの方向からなされた。1つは遺伝子操作の実験研究だ。酵母に遺伝子操作をして、サーチュイン遺伝子を活性化しそのサーチュイン・タンパク質をたくさん作らせると、寿命が延びたというものだ。普通の酵母は22回の分裂で寿命を迎えるが、サーチュイン遺伝子を活性化すると、平均して28・8回まで分裂するというデータがある。この研究が一躍有名になって、ヒトでもサーチュイン遺伝子を活性化すると寿命が延びるのではないか、という研究に多くの研究者が飛びついた。ヒトの寿命が延びるという話題は一大センセーションを呼び、多くのベンチャー企業もサーチュイン遺伝子活性化の方法を研究するプロジェクトを立ち上げた。

こうした研究が積み重なって、今から5年ほど前にはサーチュイン遺伝子がヒトの長寿遺伝子だ、という説が一世を風靡した。

■ヒトのサーチュイン遺伝子

サーチュイン遺伝子が注目を集めたのは比較的最近のことだ。テロメア説はもう30年程の歴史があるが、サーチュインがヒトの寿命に関係していると言われてから5～6年しかたっていない。非常に新しい話題だ。

そのきっかけとなったのは2011年6月のNHKスペシャルで「あなたの寿命は延ばせる～発見！　長寿遺伝子」が放映され、さらに2012年のNHKサイエンスZEROで「長寿遺伝子が寿命を延ばす」という番組が放映されて、非常に大きなインパクトを与えたことだ。その長寿遺伝子というのが今述べたサーチュイン遺伝子だ。その内容は『長寿遺伝子が寿命を延ばす』（NHKサイエンスZERO編著、NHK出版、2011年）という本にもなって、多くの国民に強い印象を与えた。この遺伝子を上手く活性化すれば120歳まで生きられるといううたい文句だった。

一番の問題は、どうやってこのサーチュイン遺伝子を活性化するかだ。そのサーチュイン遺伝子はカロリー制限で発現することが報告され、一躍脚光を浴びた。

ヒトの場合は、サーチュイン遺伝子はグループをなして存在し、サーチュイン1からサーチュイン7まで7種類ある。その1つひとつがどのようにはたらいているかいろいろ研究があるが、大事な点だけをまとめておくと、以下の2点だ。

第一は、このサーチュイン遺伝子は誰でももっている遺伝子だが、普通はあまりはたらかない状態にある。それを上手くはたらかせれば、誰でも120歳まで生きられる、という主張だ。どうやってサーチュインを活性化させるかはいろいろあるが、ひとつはカロリー制限だ。多くの実験動物ではカロリー制限が寿命を延ばすことがはっきりしているから、ヒトの場合もカロリー制限をすると、サーチュイン遺伝子が活性化して寿命が延びるという意見だ。

サーチュイン遺伝子を活性化させるとなぜ長寿になるか。サーチュイン遺伝子にはもともといろいろな遺伝子の発現を抑制するはたらきがあるので、このサーチュインが活性化するとさまざまな遺伝子のはたらきが抑えられる。その結果、無駄なエネルギーが使用されずに長生きできると考えられる。

もう一方ではポリフェノールが、サーチュイン遺伝子を活性化させるという研究もある。ポリフェノールは、酸化ストレスに対抗してはたらく抗酸化作用がある物質として健康に良いとされてきた。そのポリフェノールが抗酸化物質としての役割だけではなく、サーチュイン遺伝子も活性化するということで一躍脚光を集めた。近年は誰でもどこでもポリフェノールだ、という考えが蔓延しているが、そのポリフェノール説を支持しているというので、サーチュイン遺伝子がさらに注目されている。

■サーチュイン遺伝子とカロリー制限

では、本当にヒトのサーチュイン遺伝子が長寿を保証しているのか。これは大問題だから、どのようにサーチュイン遺伝子がはたらくのかを見ておこう。

まずラットの実験だ。ラットを用いて、カロリー制限したグループとカロリー制限をしなかったグループに分けて、一定時間飼育し、実験終了後に脳、腎臓、肝臓を取り出し、サーチュイン遺伝子の発現を調べた。生物学では遺伝子発現という表現をよく使用する。その遺伝子が発現するというのは、第３章で述べたように遺伝子ＤＮＡの情報がいったんメッセンジャーＲＮＡに転写されて、最終的にはそのメッセンジャーＲＮＡの情報に基づいてタンパク質ができてくるということだ。

調べたところカロリー制限をしたグループのさまざまな臓器で遺伝子が活性化した、つまりメッセンジャーＲＮＡの量が多くなった。カロリー制限をしなかった動物でも少しはサーチュイン遺伝子が発現しているがその量は少ない。ラットではカロリー制限がサーチュインを発現させるのは間違いないようだ。

先にマウスとサルでカロリー制限をすると寿命が延びるというデータを紹介した（１９７ページ）。これらと合わせると、カロリー制限がサーチュインを発現させ、その結果寿命が延びたと考えることができる。この結果を見て一部の研究者はヒトでも同じようなことが起きているはずだと主張している。

ヒトでは実験するのが難しいが、25%のカロリー制限を7週間続けた実験データが報告された。それによると通常食に比べて6倍から10倍サーチュイン遺伝子の活性化があったという。他の動物と同じようにヒトでも、カロリー制限をするとサーチュインが活性化し、その結果寿命が延びると主張している。

ところが、こうした研究には厳しい批判的意見がある。その1つは、ヒトでは実験環境を正確にコントロールできないので、寿命が長くなるのが本当かどうかを確かめるのが非常に難しい、という事情があるからだ。

マウスやラットでは寿命が3年程度だから、きちんと実験を繰り返し、20%とか30%のカロリー制限をすると、寿命が一定程度延びるのは間違いない。実験動物は、前述したように誰がやっても同じ結果が出なければ意味がないから、厳密に条件を定めて、飼育環境も一定にしなければならない。２０１４年に大問題となった理化学研究所の小保方事件のように、「魔法の手」をもった研究者が夜1人で実験をおこない、いくらうまくいってもほかの研究者が追試して成功しなければ意味がないのだ。だから実験は誰がやっても同じ結果が出るように客観的に条件をそろえることが必須だ。温度も照度も、飼育環境をきちんと一定にしないとだめだから、実験は無菌状態でやるのが普通だ。無菌状態というのは、その実験動物は病原菌に感染しないということだ。

実験動物でカロリー制限をすると、本当は栄養不足だから生理活性も落ちて、生殖もしにくくなり体も弱くなって病気にもかかりやすくなっているはずだが、何しろ無菌状態で手厚く保護されているから、長生きできるのだ。

ヒトの場合は、無菌の実験室で１００年間実験するのは無理だし、生殖せずに寿命をやみくもに延ばしても意味がないから、実験動物とヒトとでは全く条件が違う。だから動物実験だけからではそうした結論を得るのは難しいのだ。

現在はサーチュイン遺伝子説にも少し陰りが出てきたようだ。個人的な意見だが、サーチュイン遺伝子はヒトにもあるし、それが活性化すると寿命が延びるかもしれないが、寿命を決めているのはそれほど単純なものではない、と思っている。

■健康寿命とBMIパラドックス

今述べたようにヒトでは実験ができないから結論をだすのは難しい。一方、現在カロリー制限による健康法がもてはやされているし、糖質制限が寿命を延ばすだの、ロカボ（ローカーボン食）、低糖質が健康の秘訣だなどなどいろいろな説が流行している。メタボリック・シンドロームという言葉が社会の中にも定着し、テレビのコマーシャルを見ても、メタボ対策の健康食品が次から次へと宣伝されている。ビールも糖質オフとかカロリーゼロをうたい文句にしたものが売り上げを伸ばしているようだ。場合によってその糖質制限の提唱者が急死したりして、話題になっているからこの問題を少し整理しておこう。

1つは、過激なダイエットは健康に良くないし、長寿命につながらないという点だ。特に中年期以降は、過激なダイエットは勧められない。なぜかと言えば、若いうちはともかく年をとると栄養が大事なのだ。少し小太りの方が長生きだというデータがある。太りすぎると糖尿病になり、高血圧になり、心筋梗塞や脳梗塞になって死を早めるというのが厚生労働省をはじめとする公式的な考えだが、一部の研究者は、ダイエットをやりすぎると免疫能が低下すると主張している。

寿命に関係する要因はたくさんあるが、なかでも重要な免疫能は栄養状態に依存する。たとえば戦前戦後の死因の一番は結核だった。当時は栄養状態が非常に悪く免疫能が低下していたので、結核菌が体内で増殖し国民病として恐れられた。今や栄養状態もよくなり国民全体の免疫能も高まっているので結核はかなり克服されたが、今でもたとえばホームレスなどでは結核が多く発症している。栄養不足は免疫能を低下させ寿命を短くするのだ。

ＢＭＩ（ボディ・マス・インデックス）はすでに多くの国民が知っている。肥満傾向があるかどうかを簡単にチェックできる体格の指標だ。ＢＭＩが高ければ高いほど肥満傾向が強いが、肥満が強くなれば、生活習慣病になりやすく、脳神経系の病の危険率が高まると言われている。

しかし、高齢期に入った人については、ＢＭＩと死亡率は関係がないことがわかってきた。むしろＢＭＩが低い人たちの方が死亡率が高いという。それがＢＭＩパラドックスだ。だから、多少太っていた方が長生きするのだろう。痩せたほうが明らかに寿命が短い。

若いうちは過食すれば当然メタボリック・シンドロームとなり、血管系が衰えやすく、高血圧や糖尿病のリスクが高まるが、高齢者が粗食になると、病原体に対する免疫能が低下して、組織の再生機構も衰え、血管壁がもろくなり、筋肉も弱くなり認知症にもなりやすい。

誰でも要介護にはなりたくない、もしくは要介護になる時期をなるべく先延ばしにしたいわけだが、そこには「フレイル」（虚弱）が大きな問題となる。このフレイルという耳慣れない言葉は日本老年医学会が市民・国民への啓発を目指して新しく採用した言葉だ。フレイルには身体的なフレイル、精神的なフレイル、社会的なフレイルがある。フレイルの最たる要因がサルコペニアという筋肉の衰えだ。筋肉の衰えをできるだけ遅くすることが健康寿命の秘訣だ。

良質のタンパク質をとり、適度な運動をすることが大事だろう。

第8章　いかに生きるか

日本では世界に例のないほどの少子化が進行している。その裏返しの現象として高齢化に伴うさまざまな問題が生じている。要介護状態にある高齢者の数が増加し、介護及び介護予防サービスに要する費用は8兆円を超えるという報告もある。超高齢化を迎えた日本は大きな問題を抱えている。あと50年もすると半分以上が高齢者になるという。

これまで述べてきたように、老化も身体内で起こる進行性の現象だし、定められた寿命（約120歳）を延ばすことはできない。ヒトの死は必然なのでそれをどう受け止めるかが大きな問題だ。人類が作り出した芸術も哲学も宗教も死と向き合うことで生まれ育まれてきたといってよいだろう。動物も必ず死ぬが、彼らは死を意識しない。ヒトだけが死を意識する。

いくら長生きしても寝たきりでは困ることも多い。そこで健康寿命という考えが出てきた。人生の質（QOL）ということも強調されるようになってきた。

これまで述べてきたように、生物学的に見ればヒトが老化をし、寿命があるのは当然のことなので、それにあえて逆らわずに生きることが大事だろう。

■寿命を決める複合要因

第7章で説明したように哺乳動物の寿命は体の大きさによって決まっている（図10）。つまり体の大きい動物ほど寿命が長く、小さい動物ほど寿命が短いという経験則がある。その理由は、小さい動物ほど時間が速く流れる、その基礎にあるのは生理的な代謝時間という考え方だ。しかし、ヒトの場合はその線からは大きく外れているので一筋縄にはいかない。

以前は染色体の末端にあるテロメアが細胞老化・細胞寿命の基礎になるという考えが主流だったが、それだけで寿命がきまっているわけではないことがわかってきた。最近は長寿遺伝子と呼ばれるサーチュインが一世を風靡したが、どうやらサーチュインだけでは十分だとは言えない。結局、1つや2つの要因でヒトの寿命が決まっているわけではなく総合的に考えなければならないというのが本当の所だろう。まるでふりだしにもどったという感じで、結局寿命を決める要因は1つには絞れないということだ。

図12　ヒトの寿命の要因

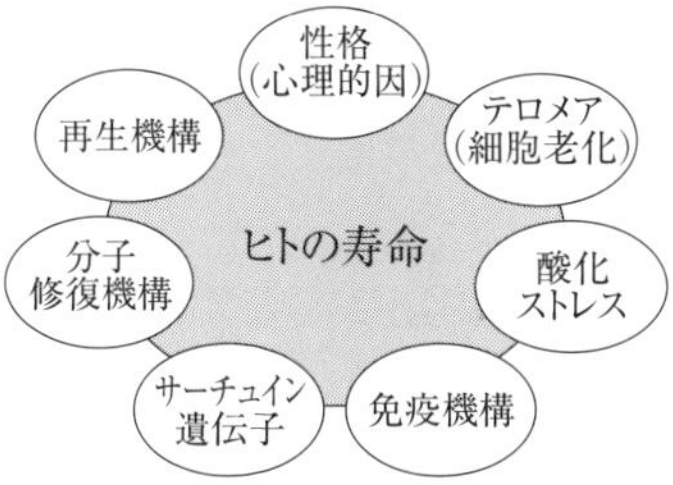

ヒトの寿命は、テロメア、酸化ストレス、免疫機構、サーチュイン遺伝子、分子修復機構、組織の再生機構や心理的な要因など複雑な要因によって決まると考えられる。すべての要因が正常にはたらけば120歳まで生きることができる。

ヒトの寿命は図12で示したように、テロメア、ミトコンドリア（酸化ストレス）、免疫能力、サーチュイン遺伝子、分子修復能、再生能力、そのほかに心理的な要因も重要だろうと考えられる。

こうした要因の1つひとつが総合的に寿命に関連していて、そのすべてが満足されれば120歳という寿命を迎えることができるが、そのうちのいずれかが欠けていくと命が尽きるという考えだ。

たとえば、血管の細胞が老化して血管が詰まると心筋梗塞や脳梗塞になる。そうなれば、他の臓器がいくら健康でもそのヒトは死んでしまう。逆に心臓や脳がしっかりしていても、腎臓に致命的な病気が発症すれば命にかかわる。肺ガンになれば最後には呼吸不全で亡くなる。

寿命を決めている要因は複雑だが、最終的にそのヒトの寿命がどのように決まるのかを考えるときには木の桶《おけ》をイメージしてもらえばよいだろう。木の桶は側板という一定の長さの木の板を丸く並べて箍《たが》をはめて作る。その側板の高さがそろっていない木の桶では、側板の一番低いところから水が漏れてしまう。そのように、側板の最低の高さが寿命を決めているという考えがある(『ヒトは一二〇歳まで生きられる』杉本正信著、ちくま新書、2012年)。

細胞の寿命や老化、酸化ストレスやガンなどの病気などによって、長生きできる臓器もあれば、短い寿命の臓器もあり、ヒトの個体としての寿命はその一番短いものによって決まってしまうというものだ。

これは植物の肥料の効果を示した「リービッヒの最少養分律」に似ている。窒素・リン酸・カリという3大肥料を与えるときに、3種類の肥料を必要な量だけ与えることが大事で、余分のものがあっても役に立たないというものだ。その「リービッヒの最少律」に似て、さまざまな要因の中での最も短いもので寿命が決まるという考えだ。非常に簡単に言えば、桶の側板の一番高いところが、ヒトの寿命の限界と言われる１２０歳、一番低いところがその人の寿命と考えれば、個人の寿命は、数多くある要因の一番低いところで決まるということだ。すべての要因が一番高いところでそろっていれば、１２０歳まで生きられるという。

■貝原益軒の養生訓

貝原益軒《かいばらえきけん》は九州福岡藩士で、江戸前期の人。84歳まで生きた。彼の『養生訓』は有名だが、もともとは『益軒十訓』と言う書物の中の一部にあるものだ。

以下にまとめておいたが、1から10まで現代のわれわれにとっても大事なことが書いてあり、先人の教えはすごいものだと感じ入る。

１　ヒトの寿命は最大１００歳と述べている。現代医学ではヒトの最大寿命は１２０歳というから、ほとんど同じくらいの寿命を言い当てている。「人間は百歳を上寿とす」という表現だ。

２　腹八分目という言葉は今でも使われているが、もともとは貝原益軒の作った言葉だという。むやみやたらなカロリー制限は、免疫能を弱めるのでむしろ体には悪いが、若いころから暴飲暴食をすると体には悪く、どうしても肥満や糖尿病の生活習慣病にかかるから、少しくらいの制限はあったほうがよいというのは理にかなっている。

3　酒は程々に、と言うことも述べている。原文は「酒は天から与えられた美禄」という表現だ。過ぎた飲酒はだめだが、程々に飲めばリラックスできるし、ストレス解消にもよいと酒飲みを安心させてくれる。この後述べるようにストレスは免疫系に悪いので、これもその通りだろう。

4　塩分を控える。医学や生理学の発展していない当時でも塩分の取りすぎは良くないことはすでにわかっていたのだ。いまや塩分が高血圧と動脈硬化の原因だということははっきりしているが、それは200年前から言われていることだ。

5　野菜の摂取。今や和食が見直され、肉食の害や脂肪の取り過ぎなどがやかましく言われている。沖縄県の長寿番付からの転落も多分これだろうと言われているから、この指摘も驚くべき慧眼《けいがん》だ。

6　歯の養生も指摘している。最近は「80・20運動」が進められ、健康維持には歯が大事だと言われている。つまり80歳まで自分の歯が20本残っているように歯磨きや歯の手入れをしようということだ。

7　薬は毒、とも言っている。現代医学はどちらかといえば薬に頼りすぎて、逆に抗生物質の耐性菌などの問題があるが、もともと薬は人体にとって毒だ。毒だから効くということもあり、薬は病気には欠かせないものだが、あまり頼りすぎると大変なことになるのも常識だ。

8　たばこの害。たばこは中世になって日本に入ってきた。慶長・元和年間つまり1500年代末から１６００年代初頭、江戸時代の初めごろに入って来たらしい。今でも喫煙者は多いが、その害をいち早く指摘している。喫煙は百害あって一利もないことははっきりしているが、喫煙を経験するとなかなかそれからのがれるのは難しい。わたしも以前は喫煙していたが、やめるまでにはかなりの時間がかかってしまった。この喫煙がわたしの膀胱ガンや大腸ガンの直接の原因かどうかはわからないが、統計的には喫煙は間違いなくガンの危険率を高める。

９　運動の勧め。「毎日少しずつ体を動かして運動すべし」と述べている。

10　最後は、身体の養生と心の養生が大事だ、とまとめている。

益軒のいう人生の楽しみは、①道を行い、善を楽しむこと、②病なく、快く楽しむこと、③長寿の楽しみで、現在にも通じるものがある。

われわれの老後は良く知られているように、ピンピンコロリ（ＰＰＫ）が理想だが、その理想をどうやったら実現できるか、ヒトはいかに生きるべきかは大変難しい問題だ。

ヒトは生物であると同時に他の生物とは違う立場を作り上げた。一番大きな違いは精神作用だ。寿命や老化を考えるときに、動物では心理的な影響などを考える必要はないが、ヒトの場合は精神力とか心理的な作用が大きい。

■フレンチ・パラドックス

これまで述べてきたようにヒトの老化と寿命はなかなか一筋縄ではいかない。中でもちょっと面白いのは、フレンチ・パラドックスだ。

フランス人を中心とする南ヨーロッパ圏のイタリア・スペインでは、たとえばワインは大量に飲むし、カロリーの高い食事はするし、国民全体としてカロリー制限や飲酒の制限をしているわけではないのに寿命が長い。先進国だから衛生状態が良いということもあるが、こんなにグルメな生活をしているのに寿命が長いのは不思議なことだ。これをフレンチ・パラドックスという。日本では常識的に言って油ものはだめ、刺激物控えめ、塩分も糖分も制限するなどあれこれ注文を付けているが、南ヨーロッパではそうした常識が通用しない。

日本人が考える不摂生をしてもフランス人はなぜ長生きなのかについてはいろいろ原因が考えられている。地中海食（魚介類、オリーブ・オイル、野菜中心の食事）が体に良いというのが中心な考えだ。赤ワインに含まれるポリフェノールが効いているという説もある。抗酸化物質としてのポリフェノールがよい、なかでもレスベラトロールという成分がサーチュイン遺伝子を活性化させるという研究もあるほどだ。前章で説明したサーチュイン遺伝子は寿命に関連した遺伝子で、これを活性化させるとヒトは１２０歳まで生きられるという主張がある。そのサーチュイン遺伝子をポリフェノールの一種が活性化させるというのだ。たしかに、実験ではレスベラトロールはサーチュイン遺伝子を活性化させるようだが、その効果は、ワインを毎日100杯飲むほどの量が必要だというので、あまり現実的ではない。

最近では、南欧の生活スタイル自体が良いのではないかと考えられている。ゆったりとしたこせこせしない生活、ワイワイにぎやかに食事をする食生活、食事の後はゆっくり時間をかけて昼休みをとる、場合によっては長時間の昼寝をするという生活習慣が、ストレスを軽減し、その結果長寿になっているのではないかというのだ。つまり寿命には心理的な面も大きいということだろう。

有名なのは昔ドリス・デイが歌った「ケ・セラ・セラ」という歌だ。映画『知りすぎていた男』（1956年、米国、アルフレッド・ヒッチコック監督）の主題歌でアカデミー賞の歌曲賞をとった名曲だ。「♪ケ・セラ・セラ、なるようになるわ、先のことなど分からない」というのが典型的なラテン系の人たちの考えだ。くよくよしても仕方がない。案外これがフレンチ・パラドックスを説明するカギなのかもしれない。

■ストレス・フリーの生活

ストレスが体に悪いことはよく知られているが、なぜ体に良くないのだろうか。

ここではストレス学説をとなえたカナダの生理学者ハンス・セリエの考えを中心にストレスとは何かを考え、ストレス・フリーの生活を探る。

セリエはストレスを「外部環境からの刺激によって起こる歪《ゆが》みに対する非特異的反応」と考え、「ストレスを引き起こす外部環境からの刺激」をストレッサーと定義した。ストレッサーには、①寒冷、騒音、放射線といった物理的ストレッサー、②酵素、薬物、化学物質などの化学的ストレッサー、③炎症、感染、カビといった生物的ストレッサー、④怒り、緊張、不安、喪失といった心理的ストレッサーに分類される。こういったさまざまな要因が引き金となり、身体にさまざま影響を及ぼす。

セリエのストレス学説の基本は、生体はストレッサーにさらされると、自分を守るために自動的に脳の視床下部や副腎皮質などのホルモンが分泌され、同時に自律神経系の神経伝達活動が身体にさまざまな反応を引き起こすということだ。その反応は次の3つの時期に分けられる。

① 警告反応期

ストレッサーにさらされると、体はストレスに耐えるための内部環境を急速に準備する時期だ。警告反応期はさらに、ショック相と反ショック相に分けられる。ショック相では、自律神経のバランスが崩れて、筋弛緩・血圧低下・体温低下・血液濃度の上昇・副腎皮質の縮小などの現象が見られる。外部環境への適応ができていない状態だ。次の反ショック相ではストレス適応反応が本格的に発動される時期で、視床下部、下垂体、副腎皮質から分泌されるホルモンのはたらきにより、苦痛・不安・緊張が緩和され、血圧・体温の上昇、筋緊張促進、血糖値の上昇がみられる。後で述べる自律神経の交感神経がはたらき、いわゆる戦闘行動への準備段階だ。

② 抵抗期

ストレッサーへの適応反応が完成した時期で、持続的なストレッサーとストレス耐性が拮抗している安定した時期だ。しかし、この状態を維持するためにはエネルギーが必要で、エネルギーを消費すると次の疲憊《ひはい》期に突入する。しかし、疲憊期に入る前にストレッサーが弱まるか消えれば、生体は元へ戻り健康を取り戻す。

③ 疲憊期

長期にわたってストレッサーが継続すると生体はそれに対抗できなくなり、段階的に抵抗力（ストレス耐性）が衰えてくる。疲憊期の初期には、心拍・血圧・血糖値・体温が低下する。さらに疲弊状態が長期にわたって継続し、ストレッサーが弱まることがなければ、生体はさらに衰弱していく。

ストレス反応は生体の防御反応の１つだ。ある程度のストレスは生体が環境に適応したり、鍛練したりするために必要で欠かす事ができないものだ。しかし、こうしたストレスが長く続けば免疫能が低下してしまい、さまざまな疾患にかかりやすくなる。

■免疫能の低下

免疫力は、生まれた時には低く成長とともに徐々に高まり、20歳前後にピークを迎える。その後徐々に低下し、40歳代では50％、70歳代では10％まで低下してしまうこともあるという研究データが報告されている。なぜ年をとると免疫力が低下するのだろうか。

加齢による免疫力低下で顕著なのは、獲得免疫の1つであるT細胞の活性の衰えと言われている。

T細胞は、胸の中央部にある胸腺で作られ、最初は抗原（病原体など）に出合ったことのない「ナイーブT細胞」として血液循環に出て行く。そして、リンパ組織で抗原と出合うと、増殖をしながら1週間程度で、抗原排除のための機能をもつ「エフェクターT細胞」へと分化する。そのほとんどは抗原を排除した後に消滅するが、一部はメモリーT細胞として残り、同じ抗原が再び侵入してきた時に備える。これがT細胞免疫記憶で、生体防御反応においては非常に重要になる。

この重要なT細胞を作り出す胸腺は最大約30gまで成長するが、加齢によって萎縮していく。この萎縮によってナイーブT細胞の数が減り、また、同じく加齢によって、脾臓やリンパ節でのT細胞の成熟も低下することで、抗原に対する反応が弱くなる。その結果、老人ではインフルエンザなどの感染症で重篤化することが多くなる。これらのほか、病原体を見つけて単独で攻撃するナチュラルキラー（NK）細胞の活性（破壊能力）が加齢とともに低下することも免疫力低下の原因とされている。

普通の状態でも老化により免疫能は低下するが、さらにストレスが加わると免疫能がより低下する。ストレッサーにさらされると身体は反応して「ストレスホルモン」を放出する。代表は副腎髄質から分泌されるアドレナリンとノルアドレナリン、副腎皮質から放出されるコルチゾールだ。このストレスホルモンは、ストレスに対抗して放出されるホルモンで、体の維持には必須のものだ。しかし長時間のストレスで、大量のストレスホルモンが出され続けると、ホルモン過剰となり免疫力の低下を招く。その一番の要因は今述べたようにT細胞の産生が弱まることだ。

第4章でガンの治療のためには免疫力を上げることが極めて大事だと述べたが、ストレスは免疫力を低下させるので、ストレスを避ける生活がどうしても大事なのだ。

■ストレスと過労死

現在の日本は過度なストレス社会だ。若者をむしばむブラック企業、大企業も含めて多くの職場での長時間労働、先行きの見えない格差社会が広まっている。なかでも近年の日本で大問題になっているのが長時間労働による過労死だ。その過労死が国際的に問題となり「カローシ」という表現まで生まれたが、その対策は一向に進んでおらず、深刻さを増している。有名企業、大企業でも職場の実態は人権を無視した憲法違反の状態が続いている。その中で働く労働者の健康が蝕《むしば》まれている。

一生懸命に働いて真面目に生きようと思ってもそうはいかない現状がある。過労死の3大原因は、心疾患、脳血管の疾患、自殺だ。うつ病、自殺の原因は長時間過密労働と、努力の報われない仕事（こなせないほどのノルマ）や職場でのハラスメントあるいは、対人関係ストレスだと言われている。

労働時間は基本的に法的に規制されているが、規制緩和の名目で自由裁量制労働が導入され、長時間労働の範囲は広がり、大企業を含めて競争社会が蔓延している。過労死対策はまだまだ不十分で、人間らしい生活を取り戻すことが大事だ。

そもそも日本では１９９８年に出された「大臣告示」により、「残業は週15時間、月45時間、年３６０時間」と一定の目安が定められている。しかしこの「大臣告示」には法的拘束力がないうえに、「特別な事情」があれば、限度時間を超えた協定を結んでよいという抜け道があり、残業時間が事実上野放しになっている。学問的には月45時間以上の残業が労働者の健康を損ねるというのが常識となっているが、多くの企業では１２０時間以上の残業が認められている。ちなみにＥＵでは労働時間の上限は残業を含めて週48時間までだ。

２０１５年12月に大手広告会社・電通の女性新入社員が過労自殺をしたことで、過労死の問題が再び大きく取り上げられた。過労死・過労自殺は労災認定されただけでも年２００件前後にのぼる。長時間労働の是正が叫ばれながら、事態が悪化し続けたのは、ヨーロッパなどに比べて法的な規制が緩いことだ。日本の経営者側は会社の利益を維持するために残業時間の規制に強く反対している。この点について、東芝が日本では残業上限時間を月１３０時間としているのに、ドイツの東芝子会社は月20時間の上限時間で経営し、利益を上げているという指摘もある。経営の仕方を工夫すれば、労働者の健康を維持しながら利益を上げることはできる。
２０１７年になって日本でも法的拘束力をもった残業時間の上限が定められようとしている。政府「働き方改革実現会議」は、繁忙期には月１００時間以内という残業時間を決めた。しかし月１００時間の残業時間は過労死認定の時間だ。繁忙期には過労死になってもよいことを認めることになるので、とても認められるものではない。

■自律神経を鍛える

強いストレスのもとでは「自律神経失調症」になり、先に述べた症状が出る。自律神経失調症にならないためには強いストレスに長時間さらされないことが一番だが、ストレスを軽減することも大事だ。そのために自律神経を鍛える方法がある。はたして自律神経を鍛えることなどできるのだろうか。

自律神経系は文字通り自律（意識でコントロールできない）神経だから意識的に操作することはできないはずだ。しかし、その一部、特に副交感神経は自分の意志で操作したり、場合によっては鍛えることができるようだ。ヨガや瞑想・メディテーションなどで気を静めるのもそのたぐいだろう。昔から宗教にもその機能があった。「宗教は一種の麻薬である」という有名な言説があるが、一心不乱に神や仏にすがれば、ある種の恍惚感《こうこつ》が得られ、魂の救いにつながることもあるだろう。

なぜ強いストレスや不安・絶望にさらされたときに気を静め、心を落ち着かせることができるのか、その生物学的なしくみを考えてみる。

大脳や小脳、脊髄などの中枢神経と体の末梢をつなぐ神経系は大きく体性神経系と自律神経系に分けることができる。体性神経系は中枢（脳や脊髄）から末梢に向かう運動神経と、末梢から中枢に向かう感覚神経からなる。運動の基本は体性神経によってなされる。目や耳などの感覚器官によって得られた情報が感覚神経によって中枢に伝えられ、その情報に基づいて運動神経が司令して手足が動いて運動がおこなわれる。

一方の自律神経系も、中枢から末梢に向かう神経と末梢から中枢へ向かう神経がある。前者は交感神経と副交感神経の2系統あることが特徴だ。後者は内臓神経と呼ばれる。体性神経とは異なり、自律神経系のはたらきは自覚することはできない。大事な点は、中枢から末梢に向かう自律神経が交感神経と副交感神経という2つの相反する作用をもっていることだ。交感神経と副交感神経はまるで反対のはたらきをするので、拮抗的にはたらくという。

危険に遭遇したときには自律神経の交感神経がはたらいて臨戦態勢をとる。こうした反射的な行動は生きる上で非常に大切な生理的な反応で、野生動物の時代を含め進化の過程で完成したシステムだ。交感神経の神経伝達物質は主としてノルアドレナリンだ。交感神経が亢進《こうしん》すると副腎髄質からアドレナリンが放出され、瞳孔《どうこう》散大、心拍数の増大、血圧上昇がもたらされる。同時に副腎皮質から糖質コルチコイド（コルチゾン、コルチコステロン）と鉱質コルチコイド（アルドステロン）などが放出され、ストレスに対抗する。この交感神経系のはたらきを自分の意識でコントロールすることはできない。

現代社会ではそうした臨戦態勢が長時間続くことが大きな問題だが、考えるべきはいかにしてその緊張状態から回復するかだ。交感神経のはたらきを静めるのが副交感神経だ。

副交感神経からは主としてアセチルコリンが神経伝達物質として放出され、内臓や分泌腺に抑制的（場合によっては促進的）にはたらく。副交感神経がはたらけば、たとえば瞳孔は縮小し、心臓の拍動を抑制する。同時に血管が広まり血圧が下がり、胃の蠕動運動は促進される。結果として闘争モードから安静モードへと切り替わる。

同じ自律神経と言っても、交感神経と副交感神経は出発する場所が少し違っている。交感神経は脳神経系の脊髄から発している。もちろん大脳や中脳、延髄の支配を受けているが、その支配はいくつかの神経細胞を介在した間接的なものだ。それに対して副交感神経は、中脳、延髄、そして脊髄から末梢へと向かっている。このように自律神経は脳神経系の支配下にあるが、交感神経は直接脳の支配を受けていないので、「自律」の傾向が強く、意識的にコントロールするのは難しいのだ。それに対して副交感神経はより大脳に近い中脳や延髄から出る神経もあるので、自律神経とはいえ意識的にコントロールできる領域が大きいと考えている。だからヨガや瞑想のように自分の力で意識的に精神をコントロールできる余地があるのだ。

けんかやスポーツなどの緊張・興奮時には自律神経の交感神経がはたらいてアドレナリンが放

出されて、体が臨戦態勢に入ることはよく知られている。交感神経がはたらけば、心拍数が多くなり、血液が体中を巡り血圧が上昇し、血糖値も上がる。これはヒトが野生動物だった時代からそなわった、狩りや戦いのために極めて重要な生理的なシステムだ。

しかしあまりにも多くのアドレナリンが出ると、動悸《どうき》が激しくなり、身体が緊張して柔軟な運動ができなくなる場合がある。たとえば、ゴルフの時にアドレナリンが出すぎて、力が入り過ぎ失敗するということはゴルフをする人ならだれでもよく経験することだろう。

その失敗を避けるためにメンタル・トレーニングによって、緊張時にも最高のパフォーマンスができるように自律神経を鍛えることができる。このように、自律神経は「意識的に制御できない神経」のはずだが、ある程度はコントロールできるようだ。

■笑う門には福来る

俗に笑うことが長寿命の秘訣だと言うが、それはなぜだろう。

笑うことは非常に高度な精神作用でヒトの特徴的な現象だ。霊長類を含めて本格的に笑う動物はほとんど知られていない。ネコやイヌなどの家畜が笑う表情を見せる、チンパンジーの子どもがくすぐられると笑う、などという断片的な現象はあるようだが、ヒトのように相手に共感して笑ったり、共感の予想がはずれた時に笑うことはほとんどない。多くの動物には共感する能力があまりないから笑わないのだ。笑うことは相手に共感することが基本だから、共感が苦手な自閉症児はあまり笑わない。

笑いのしくみの全貌は明らかにはなっていないが、基本的には脳の神経細胞の活動によっている。脳には非常に多様な神経細胞がある。前述したように神経細胞と神経細胞との情報交換をつかさどっているのが神経伝達物質とよばれる化学物質だ。脳内の伝達物質にはノルアドレナリン、セロトニン、ギャバ（GABA）、ドーパミンなどが知られている。たとえばセロトニンを放出する神経細胞の活動が不足するとうつ病になる可能性が高いと言われており、セロトニンは情動に関係した物質だ。パーキンソン病はドーパミン神経細胞の変成・萎縮が原因で、ドーパミンの前駆物質であるLドーパを投与することで改善される。

その中のセロトニン神経細胞（セロトニンという神経伝達物質を放出する細胞）にオキシトシン受容体がある。オキシトシンはもともと脳下垂体後葉から放出されるホルモンの一種だが、脳内物質としてもはたらいている。オキシトシンがたくさん放出されてオキシトシン受容体に届くと、同時にセロトニン神経が活性化される。セロトニン神経が活性化されると、脳の状態を安定化させ、心の平和、平常心を作り出す。また、自律神経にはたらきかけて、痛みを和らげる効果もある。笑うことによりこうした一連の活動が脳内で起こるのだ。

このようにオキシトシンは心の平和、平常心を作り出す作用があるので、自閉症の治療薬としても期待されている。すでにオキシトシン治療とかオキシトシン噴霧が欧米ではやられているし、日本でも治験が始まった。そのうち実際の治療に使用される日が来るだろう。

笑うことによりセロトニンやオキシトシンなどの脳内物質が誘導できるとすれば、自律神経の副交感神経もある程度意識的にコントロールできることになる。

■脳内物質を自ら作る——ランナーズ・ハイ

自分の力で脳内物質をコントロールする例として、長距離ランナーが経験する「ランナーズ・ハイ」という現象がある。

マラソンなど長時間のランニングは苦しいが、あるていど走ると急にからだが軽くなって楽になる現象が知られている。さらに走り続けることによって至福の気持ちが得られるともいう。苦しさに対抗して脳がβエンドルフィンという脳内物質を合成するようになるのだ。βエンドルフィンは脳内モルヒネともよばれ、endo（内部の）とmorphin（モルヒネ）の合成語だ。このエンドルフィンが出ることによって気分が良くなり、ランナーズ・ハイとよばれる状態になる。場合によっては疲労骨折をしても走り続けることになる。普通に考えればなぜ疲労骨折するまで走るのかと思うが、脳内物質のβエンドルフィンのなせる業と言って良いだろう。

ヒトはこうした脳内麻薬を作り出すしくみをもっている。

麻薬のモルヒネは痛みの情報を遮断する役割をもっている。たとえば、末期ガンの患者が強い痛みに見舞われたときには、痛みを止めるためにモルヒネを与えるのが普通だ。外部から与えられたモルヒネは、神経細胞間の連絡を遮断して痛みの刺激を伝わらなくする。

そのモルヒネと同じようなはたらきをする物質が脳内でつくられるのだ。それがβエンドルフィンだ。βエンドルフィンが放出されると痛みは感じなくなり、むしろ多幸感・至福感がえられる。

妊婦の出産時には当然強い痛みが発生する。出産は男には耐えられないほどの痛みらしい。ある女性はその痛みの強さを「鼻の穴からスイカを出す」ほどだ、とたとえている。考えただけでも恐ろしいほどの痛みだが、それに耐える手段として脳内でエンドルフィンがつくられるのだ。このようにヒトの体のしくみは上手くできているが、その脳内物質を自分の力で作り出すことも場合によっては可能だ。

いま述べたオキシトシン、セロトニン、エンドルフィンの他にも多数の脳内物質が複雑に絡んで心の安定を作り上げている。そうした脳内物質を総動員してストレスに対抗することが長寿命の秘訣だろうと思っている。

前にも述べたように、気にやまないことがフレンチ・パラドックスの要点で、「ケ・セラ・セラ」の毎日が大事なのだが、最終的にはたらく要素はこれらの脳内物質だろう。要するにできるだけ副交感神経をはたらかせることが長寿命の秘訣だ。

■認知症の予防

誰でも健康に生きて、死ぬときは苦しまずころりと死にたいと思っているが、なかなかうまくはいかない。中でも認知症の問題は避けることができない。

　脳のはたらきはどうしても老化していく。生物学的にそうしくまれている。前著『ヒトはなぜ争うのか』（新日本出版社、２０１６年）でくわしく述べたが、記憶する能力も老人になれば衰えるように設計されている。記憶の信号を受け取る分子が、性能の良い子ども用の分子から、少しはたらきの悪い分子に置き換わることが原因なのだ。もしも、老齢個体が若いころと同じ記憶能力をもち続ければ、エサ取りの時に若いものより有利になる。ただでさえ経験を積んだ老齢個体は有利だが、さらに記憶もよいということになれば、若者は太刀打ちできず、次世代が生き残れない。つまり「老人力」も進化的に見れば意味のあることなのだ。こうしたしくみもあり、また酸化ストレスなどによっても老化するので、どうしても脳の力は衰え、場合によっては認知症になるケースがある。

　さらに高齢になると、神経細胞に老廃物がたまり上手くはたらかなくなる。それが激しくなったものが認知症だ。

　認知症は大きく分けると、脳血管性認知症、アルツハイマー症、レビー小体型認知症、その他だ。以前は老化による脳血管性の認知症が中心だったが、今では若年性のアルツハイマー症を含めてアルツハイマー症の患者が増えているようだ。アルツハイマー症はその発見者、ドイツの精神科医アロイス・アルツハイマーの名前に由来する。死亡した患者の解剖所見としては、大脳皮質の委縮がみられ、顕微鏡で調べてみると老人斑、神経原線維変化がみられる。

普通、老人斑とはヒフに生じたほくろ状の斑点のことだが、脳の組織内にも老人性変化のひとつとして生じる。健常な高齢者の脳でも、特に海馬（記憶に関係した脳の領域）付近に見られるが、アルツハイマー症では大脳皮質全体に見られる。アルツハイマー症で見られる老人斑は、神経細胞にアミロイドβというタンパク質がたまるのが大きな特徴だ。

アルツハイマー型の認知症の一部には家族性のものがある。その遺伝子については詳細な研究が進んでいる。第21染色体上のアミロイド前駆体タンパク質（ＡＰＰ）遺伝子、第14染色体上のプレセリンⅠ遺伝子、第１染色体上のプレセリンⅡ遺伝子が見つかっている。これらの遺伝子に変異が生じると、アミロイドβの生産が多くなり、脳内沈着が加速されると考えられる。

最近では、アミロイドβタンパク質だけではなく、タウタンパク質という神経線維を構成する物質が変質することで神経線維が委縮し神経細胞が死滅するというしくみも発見された。

レビー小体型認知症は、アルツハイマー症とは別の病変で、認知症を呈する神経変性疾患の中でもアルツハイマー症に次いで二番目に多い症例だ。この病気の症状は、認知症とパーキンソン病が主なものだ。原因は細胞体の中に見られるレビー体といわれる特殊な封入体が、脳幹だけではなく大脳皮質、扁桃核などにも多数出現することだ。レビー小体の内容物は、特殊なタンパク質（αシヌクレイン）であることがわかっている。

しかし、ヒトによっては老人になってもかくしゃくとして記憶力もしっかりしたケースもある。それはそのヒトがもともともっている遺伝的な体質と生活習慣によるものだろう。第３章で詳しく説明したように、遺伝子と環境は複雑に絡み合って相互作用する。もって生まれた遺伝子そのものは変えることはできないが、生活習慣を変えることで脳の老化を引き延ばすことはできる。さまざまな方法が提案されているが、適度な運動と偏らない食事以外にこれといった方法はないようだ。

■誰もが住みやすい社会

誰でも認知症になりうるので、それへの社会的な対策が大事だ。今後の社会がどうなるか考えてみる。老人、弱者、被差別者、性的マイノリティー、すべての弱者が住みやすい社会が最低限の目標とすべき社会のありようだろう。

生物学者の柴谷篤弘《しばたにあつひろ》氏によれば、差別する心はヒトに普遍的にあり、どんな人でも自分と違う者、異質なものを差別する傾向があるという。

アメリカの黒人差別を先頭に、アイヌ人、在日朝鮮人、ユダヤ人、性的マイノリティー、障害者、さらには女性差別など、ちょっと考えただけでも無数の差別がある。しかし、このような差別は、本来ヒトがもっている自分と違うものを恐れるという傾向を利用して、為政者・権力者が自らの都合の良いように作り出し、国民に植え込んだものだ。近年では、福島の原発事故による被災者に対する深刻な差別やいじめの問題がある。原発事故によって大地と海を放射能で汚染され、避難を余儀なくされた人たちへの心ない差別やいじめだ。ただでさえ故郷を奪われ、異郷で生活を余儀なくされた人たちを、放射線にあたった「ばい菌」などと呼ぶことの神経がうたがわれる。

こうした差別に対して同時にヒトには差別してはいけないという倫理的な能力もある。差別をなくすのが理性と教育だ。すべてが教育で決まると言ってもよいくらいだ。それは戦前の軍国主義教育を思い起こせばはっきりする。明治憲法と教育勅語に基づいた天皇崇拝と排外主義、徹底した軍国主義教育により「鬼畜米英」と信じ込まされ、天皇陛下万歳と教え込まれた国民は一部の反戦主義者を除いて、何の疑いもなく戦争へと総動員された。

悪名高いナチズムに覆われたドイツでも同様だった。多くのドイツ国民がヒットラーの巧みな大宣伝と教育によってあれよあれよという間に「洗脳」されてしまい、６００万人ものユダヤ人虐殺を許してしまった。

中東だけではなくアメリカやヨーロッパなど、いまや世界中で繰り広げられるイスラム原理主義のテロリズムもやはり教育の結果だ。世界大戦前の西欧の植民地支配に対する憎しみと報復をあおり、コーランの名のもとに行われる自爆テロは聖戦（ジハード）とされ、いわば純粋な信念に基づく行為だ。

心の内なる差別思想に打ち勝ち、優生思想を払拭することがこれから極めて大事な点だが、その克服にはきちんとした民主的な教育しかない。

■老いを生きる

ヒトはかならず死ぬので、年をとれば残りの人生は間違いなく少なくなる。これまで述べてきたように不老不死もなければ「夢の若返り」などもない。だから、残された時間を有効に過ごす以外にない。その中でやりたいことをやることが極めて大事だ。

長寿の秘訣は、ふつう①1つか2つの趣味をもつこと、②知的好奇心をもち続けること、③適度に体を動かすこととまとめられる。さらに言えば、④良く笑うこと、⑤集団の中で孤立せず生きること、などが指摘されている。私はそれらに加えて、⑥だれかの役に立つこと、を加えたいと思う。

ヒトは社会的な生き物だから、1人では生きていくことはできない。お互いの付き合いや助け合いの中で生きる以外に道はないが、年をとればとるほど他人の助けが必要となる。しかし、そうした助けられる立場になったとしても、少しは相手のためになることもあるはずだ。残された時間と能力を自分のために使うだけではもったいなさすぎる。他の誰かに必要とされる喜びをもつことが脳を活性化する。それがひいては長寿の秘訣だと思う。

子どもや孫、身内のために尽くすのは生物学的には当然のことだが、血縁ではない地域社会、場合によっては国際社会のために尽くすことが大事だと思っている。だんだん少なくなっていく時間と体力の一部を自分のためだけではなく、他人のために使うことは極めて大事なことだろう。

ヒトに喜ばれることは何事にも代えがたいよろこびだ。経済的な成功などこれに比べればほとんど意味がない。心の充実と安定は長寿の基礎をなしている。

特に年をとった男性は女性より工夫と努力が必要だと思っている。一般に男性は人づきあいが悪く、女性は誰とでもなじむ能力が高い。これは洋の東西を問わないようだ。年をとって退職した男は一時「濡れ落ち葉」と揶揄《やゆ》されたように、困りものになりやすい。私はガンで何度も入院生活を送ったが、入院中の病室で男女のメンタルの違いをまざまざと見せつけられた。男の4人部屋では、いつもカーテンを仕切って一人ひとりが無言で時間を過ごすことが多い。入院患者同士の会話は朝のあいさつ程度で、日常の会話はほとんどない。それに対して女性部屋では、例外なくいつも仕切りのカーテンを開けて、四六時中話をしている。見事なくらい違うのだ。どうも脳のはたらきがちがっているらしい。男は脳内物質のオキシトシンの量が少なく、ヒトとの絆を形成するのが苦手なのだ。だから男は女よりも老後の過ごし方を工夫した方がよいと思っている。

100歳以上生きた人たちの話を聞くと、そのすべてが肩の力が抜けた生活をしている。心安らかに死ぬためには肩の力を抜くことが一番だ。

あとがき

次世代を作り、死んでいくというのが生物学的にしくまれたしくみだ。親の世代が死なないと子の世代は困るから、生物学的にはうまくできている。その意味で老化現象は進化的に組み込まれた自然現象なのだ。

昔テレビではやった米国製テレビドラマ『ベン・ケーシー』（TBS系、1962年5月～64年9月）の冒頭の場面は「男、女、誕生、死亡、そして無限（♂♀＊†∞）」というモノローグから始まった。『ベン・ケーシー』は、1人の青年医師の成長と苦悩を描いた医療ドラマで、日本での視聴率が50％を超えるほど大ヒットしたものだ。

この「男、女、誕生、死亡、そして無限（♂♀＊†∞）」という表現は、生・病・老・死を考える上ですべての問題が集約されていると思う。

本書の話をまとめてみると、細胞が老化すること、個体には寿命があることは生物進化的にしくまれているということだ。老化や寿命にはさまざまなしくみがはたらくが、細胞分裂には限界があり、それが個体の老化と寿命に関係している。だから不老不死はないというもので、当たり前と言えば当たり前だ。死んで当たり前なのだ。

2014年に大騒ぎになり、2016年には小保方晴子さんが書いた本が出版されたりして話題となったが、理研の小保方さんが見つけたというスタップ細胞、いくら彼女が「スタップ細胞はあります」と大きな声を張り上げても、その後理研挙げての追試に失敗し他の研究機関、研究者も再現できなかったので、ねつ造だったことがほぼ間違いない。

長い進化の過程で培われた細胞の力は大きいものだ。薄い酸で処理をする、もしくは物理的な圧力を加えるというような簡単な方法で細胞の運命を変えることなどはできないのだ。

ガン治療のために入院した病院ではいろいろな患者がいた。多くはあきらめずにガンと向き合っていたが、少数の患者は打ちひしがれていた。その対応の違いはガンの程度や進行には関係ないようだ。ガンが進行していても明るく振る舞い周りに人気の患者もいれば、軽い症状の患者でもガンに怯《おび》え落ち込んでいる人もいる。それが予後に関係しているようだ。運命に逆らうことはできないので、天命に従うことも大事だろう。一番大事なことは、思うがままに好きなことをやって生きることだ。好きなことをやり、残りのちょっとした時間を社会に尽くすくらいのスタンスが好きだ。

本書の出版に当たり、前著『ヒトはなぜ争うのか——進化と遺伝子から考える』に引き続き、新日本出版社編集部の久野通広さんには大変お世話になった。記して感謝申し上げる。この5年間、最初の膀胱ガンから始まり、そして大腸ガンと多くの手術・入院を繰り返したが、いつも献身的に支えてくれた妻にも感謝したい。

２０１７年６月

若原正己

【主要参考文献】

天笠崇著『ストレスチェック時代のメンタルヘルス』、新日本出版社、2016年
安保徹著『老けない人の免疫力』、青春新書、2014年
井村裕夫著『進化医学　人への進化が生んだ疾患』羊土社、2012年
岩波明著『発達障害』文春新書、2017年
NHK「サイエンスZERO」取材班+今井眞一郎（編著）『長寿遺伝子が寿命を延ばす』NHK出版、2011年
NHKスペシャル取材班著『ヒューマン　なぜヒトは人間になれたのか』角川書店、2012年
NHKスペシャル取材班著『キラーストレス　心と体をどう守るか』NHK出版新書、2016年
熊谷修著『介護されたくないなら粗食はやめなさい　ピンピンコロリの栄養学』講談社+α新書、2011年
近藤祥司著『老化はなぜ進むのか』、講談社ブルーバックス、2009年
杉本正信著『ヒトは一二〇歳まで生きられる　寿命の分子生物学』、ちくま新書、2012年
新開正二著『50歳を過ぎたら「粗食」はやめなさい』草思社、2011年
須田桃子著『捏造の科学者』文藝春秋、2015年
祖父江逸郎著『長寿を科学する』岩波新書、2009年
デイヴィッド・サダヴァ他著『カラー図解　アメリカ版大学生物学の教科書　第1巻　細胞生物学』、石崎泰樹・丸山敬監訳、講談社ブルーバックス、2010年
デイヴィッド・サダヴァ他著『カラー図鑑　アメリカ版大学生物学の教科書　第2巻　分子遺伝学』、石崎泰樹・丸山敬監訳、講談社ブルーバックス、2010年
デイヴィッド・サダヴァ他著『カラー図鑑　アメリカ版大学生物学の教科書　第3巻　分子生物学』、石崎泰

樹・丸山敬監訳、講談社ブルーバックス、2010年
栃内新著『進化から見た病気　「ダーウィン医学」のすすめ』講談社ブルーバックス、2009年
仲野徹著『エピジェネティクス』岩波新書、2014年
中野信子著『脳内麻薬』幻冬舎新書、2014年
新田國夫監修、飯島勝矢・戸原玄・矢澤正人編著『老いることの意味を問い直す』クリエイツかもがわ、2016年
ピーター・レーヴン他著『レーヴン／ジョンソン生物学（上・下）』レーヴン／ジョンソン翻訳委員会監訳、培風館、上2006年、下2007年
マシュー・サイド著『非才！　あなたの子供を勝者にする成功の科学』、山形浩生・守岡桜訳、柏書房、2010年
マット・リドレー著『やわらかな遺伝子』中村桂子・斉藤隆央訳、早川書房、2014年
宮川剛著『「こころ」は遺伝子でどこまで決まるのか　パーソナルゲノム時代の脳科学』NHK出版新書、2011年
本川達雄著『ゾウの時間　ネズミの時間　サイズの生物学』中公新書、1992年
理化学研究所・脳科学総合研究センター編『脳科学の教科書　こころ編』岩波ジュニア新書、2013年
リチャード・ドーキンス著『利己的な遺伝子』日高敏隆ほか訳、紀伊國屋書店、2006年（増補新装版）
若原正己著『黒人はなぜ足が速いのか　「走る遺伝子」の謎』新潮選書、2010年
若原正己著『なぜ男は女より早く死ぬのか　生物学から見た不思議な性の世界』ソフトバンク新書、2013年
若原正己著『ヒトはなぜ争うのか　進化と遺伝子から考える』新日本出版社、2016年

若原正己（わかはら　まさみ）
1943年、北海道生まれ。北海道大学理学部卒、同大学院理学研究科博士課程修了、理学博士。1970年から北海道大学理学部で研究・教育に従事。両生類の実験発生学が専門で、主な研究テーマは「遺伝子発現に及ぼす環境因子の影響」。2007年に北海道大学を定年退職。
著書に『ヒトはなぜ争うのか—進化と遺伝子から考える』（新日本出版社）、『黒人はなぜ足が速いのか』（新潮選書）、『シネマで生物学』（インターナショナル・ラグジュアリーメディア）、『なぜ男は女より早く死ぬのか』（ソフトバンク新書）などがある。
http://ameblo.jp/3491mw/

ヒトはなぜ病《や》み、老《お》いるのか——寿命《じゅみょう》の生物学《せいぶつがく》

2017年7月20日　初　版
2017年8月10日　第2刷

著　者　若　原　正　己
発行者　田　所　　稔

郵便番号　151-0051　東京都渋谷区千駄ヶ谷4-25-6
発行所　株式会社　新日本出版社
電話　03（3423）8402（営業）
03（3423）9323（編集）
info@shinnihon-net.co.jp
www.shinnihon-net.co.jp
振替番号　00130-0-13681
印刷・製本　光陽メディア

落丁・乱丁がありましたらおとりかえいたします。

ISBN978-4-406-06154-4 C0040　Printed in Japan